Ouafa Rebai

Rôle extraduodénal de la Lipase Sels Biliaires Dépendante

Ouafa Rebai

Rôle extraduodénal de la Lipase Sels Biliaires Dépendante

Etude in vitro de ses effets dans le processus angiogène

Presses Académiques Francophones

Impressum / Mentions légales
Bibliografische Information der Deutschen Nationalbibliothek: Die Deutsche Nationalbibliothek verzeichnet diese Publikation in der Deutschen Nationalbibliografie; detaillierte bibliografische Daten sind im Internet über http://dnb.d-nb.de abrufbar.
Alle in diesem Buch genannten Marken und Produktnamen unterliegen warenzeichen-, marken- oder patentrechtlichem Schutz bzw. sind Warenzeichen oder eingetragene Warenzeichen der jeweiligen Inhaber. Die Wiedergabe von Marken, Produktnamen, Gebrauchsnamen, Handelsnamen, Warenbezeichnungen u.s.w. in diesem Werk berechtigt auch ohne besondere Kennzeichnung nicht zu der Annahme, dass solche Namen im Sinne der Warenzeichen- und Markenschutzgesetzgebung als frei zu betrachten wären und daher von jedermann benutzt werden dürften.

Information bibliographique publiée par la Deutsche Nationalbibliothek: La Deutsche Nationalbibliothek inscrit cette publication à la Deutsche Nationalbibliografie; des données bibliographiques détaillées sont disponibles sur internet à l'adresse http://dnb.d-nb.de.
Toutes marques et noms de produits mentionnés dans ce livre demeurent sous la protection des marques, des marques déposées et des brevets, et sont des marques ou des marques déposées de leurs détenteurs respectifs. L'utilisation des marques, noms de produits, noms communs, noms commerciaux, descriptions de produits, etc, même sans qu'ils soient mentionnés de façon particulière dans ce livre ne signifie en aucune façon que ces noms peuvent être utilisés sans restriction à l'égard de la législation pour la protection des marques et des marques déposées et pourraient donc être utilisés par quiconque.

Coverbild / Photo de couverture: www.ingimage.com

Verlag / Editeur:
Presses Académiques Francophones
ist ein Imprint der / est une marque déposée de
OmniScriptum GmbH & Co. KG
Heinrich-Böcking-Str. 6-8, 66121 Saarbrücken, Deutschland / Allemagne
Email: info@presses-academiques.com

Herstellung: siehe letzte Seite /
Impression: voir la dernière page
ISBN: 978-3-8416-2829-9

Copyright / Droit d'auteur © 2013 OmniScriptum GmbH & Co. KG
Alle Rechte vorbehalten. / Tous droits réservés. Saarbrücken 2013

UNIVERSITES D'AIX-MARSEILLE II ET III
Ecole Doctorale des Sciences de la Vie et de la Santé

THESE

Présentée par

Ouafa REBAI

Pour obtenir le grade de Docteur en Sciences
de l'Université d'Aix-Marseille III

Spécialité :
Biologie Cellulaire, Biologie Moléculaire et Biochimie
Option : Nutrition : Aspects Moléculaires et Cellulaires

Rôle extraduodénal de la Lipase Sels Biliaires Dépendante
Etude *in vitro* de ses effets dans le processus angiogène

Soutenue le 25 novembre 2004, devant le jury composé de :

Président :	Mr. A. Puigserver, Professeur des Universités
Rapporteurs :	Mr. J. Chapman, Directeur de recherches INSERM
	Mr. R. Salvayre, Professeur des Universités-Praticien Hospitalier
Examinateurs :	Mr. J.P. Bernard, Professeur des Universités-Praticien Hospitalier
	Mr. A. Vérine, Chargé de recherches INSERM
	Mr. D. Lombardo, Directeur de recherches INSERM

Remerciements

Le travail présenté dans cette thèse a été réalisé au sein de l'unité INSERM 559, sous la direction du Docteur Dominique Lombardo. Je tiens à lui exprimer ma sincère reconnaissance pour m'avoir accueillie dans son laboratoire, pour la confiance qu'il m'a accordée, ainsi que pour ses précieux conseils.

Je tiens à remercier les Professeurs A. Puigserver, R. Salvayre, J.P. Bernard ainsi que le Docteur J. Chapman qui m'ont fait l'honneur de bien vouloir juger cette thèse.

J'exprime toute ma reconnaissance au Docteur A. Vérine, pour m'avoir encadrée, pour son entière disponibilité et pour ses conseils tout au long de ce travail.

Je tiens à exprimer ma profonde gratitude au Docteur J. Le Petit Thévenin pour ses conseils précieux qui ont permis de discuter et d'orienter ce travail.

Je remercie également toute l'équipe du laboratoire pour leur aide et leur gentillesse. Un grand merci au Docteur N. Bruneau pour ses conseils et son aide précieuse.

PUBLICATIONS PRESENTEES A L'APPUI DE CE MEMOIRE

Rebaï O., Augé N., Le Petit-Thévenin J., Bruneau N., Thiers J.C., Mas E., Lombardo D., Négre-Salvayre A., Vérine A. Pancreatic bile salt-dependent lipase induces smooth muscle cells proliferation.
Circulation, 108, 86-91. 2003.

Rebaï O., Le Petit-Thévenin J., Bruneau N., Lombardo D., Vérine A. In vitro angiogenic activity of the pancreatic bile salt-dependent lipase.
Arterioscler. Thromb. Vasc. Biol. 25, 1-6. 2005.

Abréviations

ADNc	Acide désoxyribonucléique complémentaire
ARNm	Acide ribonucléique messager
Apo B	Apolipoprotéine B
ATP	Adénosine triphosphate
BSA	Albumine bovine sérique
BSDL	Lipase sels biliaires dépendante (Bile Salt Dependent Lipase)
b-FGF	Facteur de croissance fibroblastique basique (Basic Fibroblast Growth Factor)
CML	Cellules musculaires lisses
DAG	Diacylglycérol
dATP	Déoxyadénosine triphosphate
dCTP	Déoxycytidine triphosphate
DEPC	Diéthylpyrocarbonate
dGTP	Déoxyguanosine triphosphate
dTTP	Déoxythymidine triphosphate
EDTA	Acide éthylénediaminetétraacétique
ERK	Extracellular signal-regulated kinase
FITC	Fluorescéine isothiocyanate
HUVEC	Cellules ombilicales de l'embryon humain
kb	Kilo bases
kDa	Kilo Dalton
lysoPC	Lysophosphatidyl choline
MAPK	Mitogen activated protein kinase
MEC	Matrice extracellulaire
pAbL64	Anticorps polyclonal dirigé contre la BSDL humaine
pb	Paires de bases
PBS	Tampon phosphate de sodium (Phosphate Buffered Saline)
PCR	Réaction de polymérisation en chaîne (polymerase chain reaction)
RT-PCR	Transcription inverse suivie d'une réaction de polymérisation en chaîne
SSPE	Solution saline de sodium phosphate contenant de l'EDTA (saline-sodium phosphate-EDTA)
SDS-PAGE	Electrophorèse sur gel de polyacrylamide, en présence de SDS
SPM	Sphingomyéline
Tris/HCl	Tris hydroxyméthyl amino méthane
UDP	Ubiquitin dependent proteasome
VEGF	Facteur de croissance de l'endothélium vasculaire (Vascular Endothelial Growth Factor)

Sommaire

Avant-propos 1

Introduction 4

1. La lipase Sels Biliaires Dépendante 4
1.1. Fonction digestive de la BSDL dans le duodénum 4
1.2. Organisation du gène et structure de la BSDL 5
1.3. Régulation de l'expression du gène de la BSDL 9
2. Sécrétion de la BSDL pancréatique 10
2.1. La N-glycosylation de la BSDL 12
2.2. La O-glycosylation et la phosphorylation de la BSDL 13
2.3. La phosphorylation de la BSDL 14
2.4. Sécrétion de la BSDL et pathologies humaines 15
    2.4.1. La pancréatite 15
    2.4.2. Le cancer 16
    2.4.3. Le diabète 17
3. Transcytose de la BSDL pancréatique 18
3.1. Origine de la BSDL circulante 18
3.2. Mécanisme de transcytose de la BSDL 19
4. BSDL, métabolisme des lipoprotéines et athérosclérose 22
4.1. Généralités 22
4.2. Métabolisme des lipides dans le compartiment vasculaire 23
4.3. Rôle de la BSDL dans le transport du cholestérol 25
4.4. BSDL et alcool 26
5. Dysfonctionnement du compartiment vasculaire 27
5.1. Pathogenèse de l'athérosclérose 27
    5.1.1. Définitions 27
    5.1.2. Description anatomopathologique de l'athérosclérose 28
        5.1.2.1. Formation de la strie lipidique 30
        5.1.2.2. Déstabilisation de la plaque 31
5.2. Angiogenèse et intégrité vasculaire 33
    5.2.1. Déclenchement et mécanismes de l'angiogenèse 33

5.2.2. Les facteurs de croissance angiogéniques 34
    5.2.2.1. Le Vascular endothelial growth factor (VEGF) 34
    5.2.2.2. Le Basic fibroblast growth factor (b-FGF) 34
    5.2.2.3. L'Epidermal growth factor (EGF) 35
    5.2.2.4. Le Platelet-derived growth factor (PDGF) 35
5.2.3. Rôle des facteurs de croissance dans l'activation des voies
de signalisation intracellulaire 36
5.2.4. Rôle de la matrice extracellulaire « MEC » 38
5.2.5. Physiopathologie de l'angiogenèse 39
    5.2.5.1. Régulation de la néoangiogenèse : maturation ou régression
des nouveaux vaisseaux ? 39
    5.2.5.2. L'angiogenèse tumorale 40

Matériels et Méthodes 43

1. Matériels 43
1.1. Réactifs biologiques et biochimiques 43
1.2. Echantillons biologiques 43
    1.2.1. Lignées cellulaires 43
    1.2.2. Tissus 44
    1.2.3. Echantillons plasmatiques 44
    1.2.4. Anticorps 44
2. Méthodes 44
2.1. Biologie cellulaire 44
    2.1.1. Cultures cellulaires 44
    2.1.2. Immunocytochimie et microscopie 45
        2.1.2.1. Sur coupes d'aortes athéromateuses 45
        2.1.2.2. Sur coupes d'artères 46
    2.1.3. Fluoro-marquage cellulaire 47
    2.1.4. Immunofluorescence intracellulaire 47
    2.1.5. Immunofluorescence extracellulaire 48
    2.1.6. Mesure du taux de la prolifération cellulaire 48
    2.1.7. Migration chimiotactique des cellules 49
    2.1.8. Test de la blessure 50
    2.1.9. Détermination de l'angiogenèse *in vitro* 50

2.1.10. Dosage du bFGF libéré des CML en culture 51
2.1.11. Dosages du bFGF et du VEGF libérés de la matrice extracellulaire 51
2.1.12. Marquage et extraction des lipides cellulaires 52
2.2. Méthodes biochimiques 53
2.2.1. L'activité enzymatique 53
2.2.2. Dosage des protéines 54
2.2.3. Électrophorèse des protéines sur gel de polyacrylamide en milieu
dénaturant (SDS-PAGE) 54
2.2.4. Immuno-empreinte (Western-blot) 55
2.2.5. Purification des immunoglobulines à partir des sérums 56
2.3. Biologie moléculaire 57
2.3.1. Extraction des ARN totaux 57
2.3.2. Séparation des ARN sur gel et transfert sur membrane
de nylon (Northern-blot) 57
2.3.3. Marquage des sondes 58
2.3.4. Pré-hybridation et hybridation 58
2.3.5. Hybridation *in situ* 58
    2.3.5.1. Transcription inverse 58
    2.3.5.2. Réaction de polymérisation en chaîne 59
    2.3.5.3. Transcription et marquage à la digoxygénine 60
    2.3.5.4. Traitement des lames 61
    2.3.5.5. Lecture des lames 62

Résultats 63

1. Implication de la BSDL dans la prolifération des cellules musculaires lisses (CML) 63
1.1. Mise en évidence de la localisation de la BSDL au niveau de l'aorte
athéromatheuse 63
1.2. Expression de la BSDL pancréatique par les CML 65
1.3. Effet de la BSDL sur la prolifération des CML 68
1.4. Formation des seconds messagers lipidiques 71
1.5. Libération du b-FGF et activation de la voie des MAP Kinases 73

2. Effet de la BSDL pancréatique sur l'activité angiogène des HUVEC 77
2.1. Origine de la BSDL aortique 77

2.2. Internalisation de la BSDL par les HUVEC 79
2.3. Effet de la BSDL pancréatique sur la prolifération des HUVEC 81
2.4. Rôle de la BSDL pancréatique dans la migration des HUVEC 83
    2.4.1. La migration chimiotactique des HUVEC 83
    2.4.2. La motilité des HUVEC 84
2.5. Implication de la BSDL dans l'angiogenèse et rôle des facteurs de croissance 87
    2.5.1. Effet de la BSDL sur l'angiogenèse *in vitro* 87
    2.5.2. Rôle des facteurs de croissance 89
2.6. Mise en évidence du rôle de la BSDL dans la libération du b-FGF
et du VEGF de la matrice extracellulaire 91
    2.6.1. Déplacement du b-FGF 91
    2.6.2. Rôle de la MEC dans la prolifération stimulée par la BSDL 92
    2.6.3. Quantification du b-FGF et du VEGF libérés de la MEC 93
2.7. Activation des MAPkinases (ERKI/ERK2, p38 MAPK et FAK) 95

**3. Mise en évidence du rôle des auto-anticorps circulants dirigés contre la BSDL
dans l'activité mitogène de l'enzyme** 98
3.1. Détermination de la prolifération en présence des anticorps
mAbJ28 et mAb16D10 98
3.2. Effets des IgGs circulantess dirigés contre la BSDL sur l'incorporation
de la [^{3}H]-thymidine et la migration des HUVEC 98

Discussion 101

1. Implication de la BSDL pancréatique dans les lésions athéromateuses 101
2. Implication de la BSDL pancréatique dans l'angiogenèse 104
3. Mise en évidence des effets de la BSDL circulante sur la prolifération et la migration
des HUVEC dans le cas du diabète de type I 108

Bibliographie 110

Avant-propos

La Lipase Sels Biliaires Dépendante ou BSDL est une enzyme lipolytique sécrétée par le pancréas exocrine. Déversée dans le duodénum, elle participe à l'hydrolyse des lipides alimentaires, plus particulièrement les esters du cholestérol et les esters de vitamines liposolubles A, E et D. Au-delà de cette fonction primaire, la BSDL, après transcytose au travers de la cellule entérocytaire, est retrouvée dans le compartiment plasmatique. Le mécanisme de transcytose entérocytaire de la BSDL implique le récepteur « lectine-like », appelé Lox-1 dont l'expression est induite par les LDL modérément oxydées. L'origine de la BSDL circulante n'est pas parfaitement élucidée, la démonstration très récente du mécanisme de transcytose, spécifique de la BSDL, au travers d'un modèle entérocytaire puis *in vivo* sur des anses intestinales de rats anesthésiés, favorise une origine pancréatique.

La maladie vasculaire athérosclérotique est la principale complication attribuable à la plupart des dyslipoprotéinémies. L'athérosclérose peut toucher tous les systèmes artériels et est à l'origine de la maladie coronarienne, qui demeure la plus importante cause de décès dans les populations occidentales. La BSDL, présente dans la circulation sanguine en quantités appréciables (1 à 5 µg/l de sang), formerait un complexe équimolaire avec l'apolipoprotéine B100 des LDL fortement athérogènes. Ces lipoprotéines, une fois l'intima vasculaire atteint, sont oxydées et captées par les macrophages qui vont former les cellules spumeuses gorgées d'esters lipidiques tels que les esters du cholestérol. Ces cellules spumeuses participent à la formation de la plaque d'athérome. Ainsi, la BSDL pourrait d'une part exercer une action systématique positive sur les LDL oxydées athérogènes en diminuant leur contenu en lysophospholipides, d'autre part, la BSDL pourrait avoir un effet délétère en convertissant les LDL peu athérogènes en LDL de plus petite taille et fortement athérogènes.

Notre objectif principal a été de définir le rôle que pourrait jouer la BSDL circulante dans le compartiment vasculaire. Il est fort probable qu'elle soit impliquée dans le métabolisme lipidique de l'endothélium vasculaire, si elle peut suivre le chemin des LDL jusque vers l'intima vasculaire. Pour ce faire, la BSDL peut d'une part, interagir avec les cellules endothéliales de la paroi vasculaire puis d'autre part, avec les cellules de la couche musculaire lisse.

Dans un premier temps, nous avons cherché à localiser la BSDL au niveau de l'endothélium vasculaire normal et au niveau de la plaque d'athérome, l'origine de la BSDL à ces niveaux a également été définie. La prolifération des cellules musculaires lisses (CML) représentant un événement crucial dans la formation des lésions athéromateuses, nous avons souhaité déterminer l'effet de la BSDL sur la croissance de ces cellules.

Cependant avant d'atteindre les CML, il était important de comprendre comment la BSDL plasmatique interagit avec les cellules endothéliales directement au contact du flux sanguin. Nous avons donc aussi étudié les effets de la BSDL pancréatique sur les cellules ombilicales de l'endothélium vasculaire (HUVEC). Le rôle de la BSDL dans la prolifération et la migration de ces cellules a été déterminé. Cela nous a permis de montrer que la BSDL possède un potentiel angiogène. L'angiogenèse est un mécanisme conduisant à la formation de nouveaux vaisseaux par bourgeonnement à partir de vaisseaux déjà existants. Elle aboutit souvent, en dehors des circonstances où elle est physiologique, et probablement parce qu'elle est alors imparfaitement régulée, à la formation de vaisseaux de petit calibre, peu fonctionnels. Un intérêt particulier a été porté sur l'implication des facteurs de croissance ainsi que les voies de signalisations intracellulaires afin de comprendre les mécanismes par lesquels la BSDL agit sur la prolifération et la migration des cellules endothéliales.

La présence d'auto-anticorps circulants dirigés contre la BSDL, dans le cas de différentes pathologies comme le diabète de type I, a également retenu notre attention. Nous avons tenté d'établir un lien entre la présence de ces auto-anticorps et le rôle de la BSDL circulante au niveau du compartiment vasculaire. L'effet de la BSDL en présence des anticorps mAb J28 et mAb 16D10 a été défini sur la prolifération des HUVEC et le test de réparation de la blessure *in vitro*. On soupçonne ainsi la BSDL d'être impliquée dans la régulation de certains processus physiologiques tels que l'angiogenèse et la régénération tissulaire dans le cas du dysfonctionnement de l'endothélium vasculaire observé notamment chez les diabétiques. Une autre contrepartie pathologique serait une implication de cette enzyme dans la néoangiogenèse.

Introduction

1. La Lipase Sels Biliaires Dépendante

Les lipides constituent une source d'énergie très importante pour les cellules et pour l'organisme, leur catabolisme libère de grandes quantités d'énergie sous forme d'ATP. La digestion de ces lipides alimentaires, constitués de quelques 90 % de triglycérides, débute dans l'estomac par l'action de la lipase acide préduodénale, se poursuit ensuite, à l'entrée de l'intestin grêle, par l'action des enzymes lipolytiques pancréatiques : la phospholipase A_2, la lipase-colipase dépendante et la lipase sels biliaires dépendante. La caractéristique principale de cette dernière est la dépendance de son activité à la présence de sels biliaires, d'où la dénomination de lipase sels biliaires dépendante (ou BSDL pour Bile Salt-Dependent Lipase).

1.1. Fonction digestive de la BSDL dans le duodénum

La BSDL (EC 3.1.1.13), appelée également cholestérol estérase, carboxyl ester hydrolase (CEH), carboxyl ester lipase (CEL) [Lombardo *et al.*, 1980] ou lysophospholipase [Van den Bosch *et al.*, 1973] est présente dans le pancréas de toutes les espèces animales, depuis les poissons sélaciens jusqu'à l'homme [Gjellesvik *et al.*, 1992; Sbarra *et al.*, 1998]. Synthétisée par les cellules acineuses du pancréas, l'enzyme est stockée dans les grains de zymogènes, avant d'être déversée, sous l'effet d'un stimulus, dans la lumière intestinale. La BSDL est également présente dans le lait maternel, où elle représente 1 à 2 % des protéines du lait [Ellis et Hamosh, 1992]. La lipase du lait (ou BSSL pour Bile Salt Stimulated Lipase) est l'homologue de la BSDL pancréatique chez l'homme.

L'activité estérasique de la BSDL possède un large spectre d'activités hydrolytiques. Elle est capable d'hydrolyser les triacylglycérides, les phospholipides, les esters du cholestérol et des vitamines liposolubles (A, D_3 et E) [Lombardo *et al.*,

1980; Lombardo et Guy, 1980]. Arrivée dans le duodénum, la BSDL agit en association avec les autres enzymes lipolytiques : la lipase pré-duodénale, la lipase-colipase dépendante et la phospholipase A_2, permettant ainsi la dégradation totale des lipides alimentaires. Les sels biliaires primaires et secondaires augmentent de 7 à 10 fois l'activité hydrolytique de la BSDL sur des substrats solubles dans l'eau tels que l'acétate de paranitrophénol [Lombardo *et al.*, 1978]. Lorsque le substrat est insoluble dans l'eau, aucune hydrolyse enzymatique n'est possible en absence de sels biliaires [Lombardo et Guy, 1980]. L'expression de l'activité de l'enzyme sur les substrats hydrophobes n'apparaît qu'en présence de sels biliaires primaires, selon un mécanisme non encore parfaitement élucidé [Lombardo, 2001]. Ainsi dans le milieu duodénal riche en sels biliaires, la BSDL hydrolyse des esters de cholestérol en cholestérol libre et acides gras avant leur absorption par les cellules intestinales [Lombardo *et al.*, 1980; Lombardo et Guy, 1980; Howles *et al.*, 1996]. Bien que cela soit controversé [Howles *et al.*, 1996], la BSDL pourrait également participer à l'absorption du cholestérol au niveau de l'intestin [Lopez-Candales *et al.*, 1993], peut-être en agissant comme une protéine de transfert du cholestérol [Myers-Payne *et al.*, 1995], ou bien en participant à la synthèse des chylomicrons [Kirby *et al.*, 2002].

1.2. Organisation du gène et structure de la BSDL

Le gène codant pour la BSDL humaine est formé de 9850 paires de bases. Il est localisé sur l'extrémité télomérique du bras long du chromosome 9 précisément au niveau du locus 9q34.3) [Taylor *et al.*, 1991]. L'organisation intron-exon et leurs positions respectives sont très bien conservées dans les différentes espèces examinées jusqu'à ce jour et comprend 11 exons. Chaque exon codant pour des éléments structuraux spécifiques, les exons 1 à 10 codent pour le domaine N-terminal, alors que l'exon 11 code pour la totalité du domaine C-terminal présentant une structure bien particulière et présentant un polymorphisme [Taylor *et al.*, 1991]. Parmi les différentes BSDL identifiées à ce jour, les BSDL de l'homme et du gorille présentent la plus grande taille avec respectivement 722 et 998 acides aminés [Madeyski *et al.*, 1999] (Figure 1).

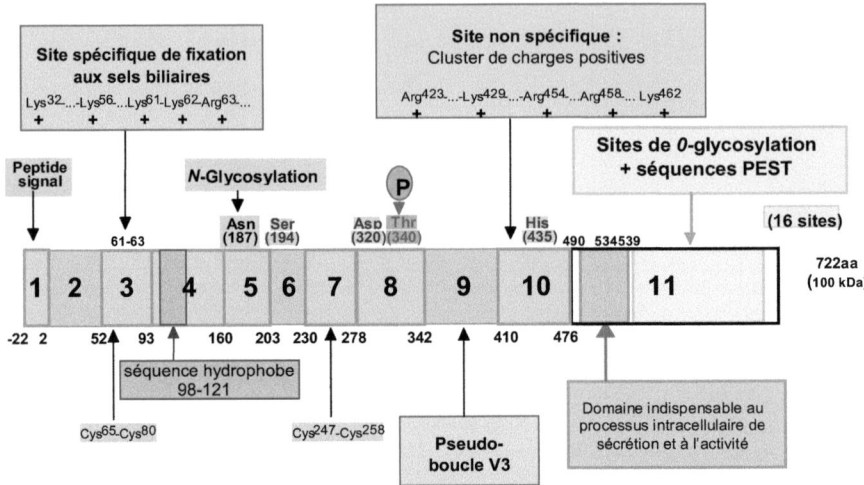

Figure 1 : Représentation schématique des exons du gène codant pour la BSDL humaine.

Une étude, réalisée sur la structure et l'organisation du locus codant pour la BSDL [Madeyski *et al.*, 1998], confirme l'existence d'un pseudogène auquel il manque un segment de 5 kilobases correspondant aux exons 2 à 7, et présentant une homologie de séquence de 97 % avec le gène de la BSDL. La perte de l'activité, ainsi que de la spécificité tissulaire de ce pseudogène, pourrait provenir de la duplication du gène. Le degré d'homologie entre le gène de la BSDL et son pseudogène suggère que leur émergence est relativement récente sur l'échelle de l'évolution. Le gène et le pseudogène de la BSDL sont organisés en tandem : le gène étant en 5' du pseudogène, ils possèdent tous les deux une région non traduite similaire.

L'analyse de l'ADN issu des cellules d'adénocarcinomes de foie (SK-Hep1) a permis de mettre en évidence une structure « gene-like » de la BSDL [Kumar *et al.*, 1992]. Ce gène comprend, dans la séquence de l'exon 10, un codon d'arrêt prématuré de la traduction. L'insertion du codon TCC et la perte de deux nucléotides, en amont de l'exon 10, seraient survenues au cours de la duplication du gène de la BSDL et seraient à l'origine de l'apparition de ce codon stop. Ce codon d'arrêt est situé en aval du codon codant pour l'histidine impliquée dans la triade catalytique. La traduction de ce « gene-like » n'a jamais été mise en évidence, mais il pourrait s'agir de la protéine p46 dont les ARNm ont été détectés dans le pancréas humain sain [Roudani et al., 1994].

L'exon 1 du gène codant pour la BSDL, qui présente un taux d'homologie faible entre les différentes espèces, code pour l'extrémité 5' de l'ARNm de la BSDL et pour la séquence du peptide signal. Les exons 3 et 7 sont importants pour la conformation structurale de la BSDL puisqu'ils codent chacun pour deux résidus de cystéine en position 64 (exon 3), 80, 246 et 257 (exon 7), permettant l'établissement de deux ponts disulfures [Wang et al., 1995]. Par ailleurs, l'exon 3 coderait pour le site spécifique de fixation aux sels biliaires [Aubert et al., 2002], tandis que l'exon 4 code pour un domaine hydrophobe de la protéine situé entre les résidus Asn 98 et Leu 121 [Sbarra et al., 1998] exposé à la surface de l'enzyme lors de son repliement [Bruneau et al., 1995]. L'exon 4 code également pour une boucle formée par la séquence consensus située entre la Gly 117 et la Glu 130 [Sbarra et al., 1998].

Des études antérieures ont émis une hypothèse concernant la présence d'un site de fixation à l'héparine sur la BSDL [Bosner et al., 1988; Wang et al., 1997; Moore et al., 2001], tandis que deux sites de liaisons aux sels biliaires sur l'enzyme sont responsables de la régulation de l'activité enzymatique. L'un de ces deux sites peut chevaucher le site de liaison à l'héparine au niveau du cluster basique N-terminal [Lombardo et al., 1983], ce dernier étant constitué de cinq résidus d'acides aminés cationiques : Lys^{32}, Lys^{56}, Lys^{61}, Lys^{62} et Arg^{63}. Une étude récente, réalisée par mutagenèse dirigée [Aubert et al., 2002], a permis de déterminer la signification fonctionnelle de ce cluster basique. La BSDL recombinante résultant des mutations effectuées sur cette séquence est capable de se lier à la molécule d'héparine, à l'état immobilisé ou associée aux cellules, avant son déplacement au travers des cellules intestinales. Ces substitutions affectent l'activation de l'enzyme par les sels biliaires primaires ou par les phospholipides anioniques, ce qui laisse supposer que ce cluster N-terminal représenterait le site spécifique de liaison des sels biliaires primaires avec la BSDL. Ce site permet de réguler la transformation du site prémicellaire non spécifique en site micéllaire [Aubert-Jousset *et al.*, 2004a] (voir figure 1).

Des études basées sur la modélisation structurelle ont révélé la présence d'un repliement protéique similaire au domaine de fixation aux sphingolipides de la protéine gp120 du HIV-1 (pseudo-boucle V3) dans la BSDL [Aubert-Jousset *et al.*, 2004b]. Cette liaison aux sphingolipides interviendrait dans l'interaction de l'enzyme avec les radeaux lipidiques essentiels à la structuration adéquate de l'enzyme [Aubert-Jousset *et al.*, 2004b].

Les acides aminés de la triade catalytique, Ser 194, Asp 320 et His 435 [DiPersio *et al.*, 1990; DiPersio *et al.*, 1991; DiPersio et Hui, 1993], proviennent respectivement de la traduction des exons 5, 8 et 10. L'exon 8 code également pour le site de phosphorylation de la BSDL, la thréonine 340 [Vérine *et al.*, 2001]. L'importance fonctionnelle des exons 2, 6 et 9 n'est pas clairement établie, mais la très bonne conservation entre espèces suggère qu'une seule fonction est possible pour chaque segment protéique traduit. Par conséquent, la séquence d'acides aminés du domaine N-terminal de la BSDL est hautement conservée parmi les espèces. Afin de compléter cette description du gène, il est important de mentionner que l'exon 5 code aussi pour le site de *N*-glycosylation situé sur l'Asn 187 [Baba *et al.*, 1991]. Cependant, dans le cas de la BSDL bovine, le site de *N*-glycosylation codé par l'exon 9 est situé sur l'Asn 361[Wang *et al.*, 1998].

Le dernier exon, l'exon 11, est très variable en fonction des espèces. Cet exon code pour une séquence répétée de 11 résidus d'acides aminés GAPPVPPTGDS riche en prolines et dont le nombre diffère selon les espèces, de 0 chez le saumon [Gjellesvik *et al.*, 1994] jusqu'à 39 chez le gorille [Madeyski *et al.*, 1999]. La véritable signification physiologique des séquences répétées et de leur nombre n'est pas clairement établie. Ces séquences pourraient intervenir dans la liaison de la protéine avec l'héparine et lors de la liaison avec les récepteurs à la surface des cellules épithéliales (intestin) ou endothéliales (paroi vasculaire) [Spilburg *et al.*, 1995]. Ces séquences répétées *O*-glycosylés peuvent porter des structures de type sialyl Lewis a et x [Landberg *et al.*, 1997]. Ces structures glycanniques sont impliquées dans l'adhésion des lymphocytes et des cellules métastatiques néoplasiques à la surface des cellules endothéliales des vaisseaux sanguins [Fukuda *et al.*, 1999], et permettraient à la BSDL circulante d'interagir avec l'endothélium vasculaire, une interaction qui pourrait être en rapport avec l'implication de la BSDL dans les mécanismes athérogéniques. La fonction biologique de la partie C-terminale riche en proline n'est pour l'instant pas déterminée avec certitude. Il a été démontré qu'elle n'est pas impliquée dans l'activité catalytique de la BSDL [DiPersio *et al.*, 1994; Hansson *et al.*, 1993]. Cependant, le domaine C-terminal tronqué par mutagenèse suggère la participation de ce domaine à la modulation de l'activité enzymatique de la BSDL par les sels biliaires [DiPersio *et al.*, 1994].

1.3. Régulation de l'expression du gène de la BSDL

Le taux des enzymes digestives sécrétées est contrôlé par la variation du niveau des hormones circulantes en réponse à la prise alimentaire. Cette réponse est rapide et conduit à la libération des enzymes stockées dans les granules de zymogènes [Wicker *et al.*, 1984]. Le changement des taux d'ARNm peut être induit seulement après une stimulation chronique par les nutriments. Dans les cellules pancréatiques de rat (AR4-2J), qui expriment constitutivement la BSDL, l'expression de l'enzyme peut être induite par la cholécystokinine et la sécrétine sans aucune variation du taux d'ARNm [Huang et Hui, 1991]. Un régime riche en acides gras ou en cholestérol augmente le taux d'ARNm de la BSDL [Li et Hui, 1998], de même, la présence de LDL oxydées augmente de deux fois le taux des ARNm dans les cellules AR4-2J [Huang et Hui, 1994]. Un effet similaire a été observé chez le lapin suite à un traitement prolongé riche en cholestérol [Lopez-Candales *et al.*, 1996]. Plusieurs autres gènes, comme celui du récepteur des LDL [Wang *et al.*, 1994], et le gène de la protéine de transfert des esters de cholestérol [Oliveira *et al.*, 1996] sont capables de répondre au traitement par le cholestérol. Jusqu'à une étude récente [Lidberg *et al.*, 1998], aucun élément régulant l'activation du gène de la BSDL n'avait été caractérisé.

Au niveau du pancréas humain [Lidberg *et al.*, 1998] et des glandes mammaires de la souris [Kannius-Janson *et al.*, 1998], l'expression du gène de la BSDL est régulée par des systèmes différents. Chez l'homme, l'expression pancréatique de la BSDL dépend d'un élément proximal de 839 pb sur les 4740 pb que compte la région promotrice flanquant en 5' le gène de la BSDL et conservant les éléments classiques TATA et CCAAT [Kumar *et al.*, 1997]. L'élément « enhancer » est composé de deux éléments cis rapprochés [Lidberg *et al.*, 1998]. L'élément cis proximal présente un effet positif sur la transcription de la BSDL, alors que l'élément distal exerce un effet négatif. Ces deux éléments ne présentent aucune homologie avec les éléments régulateurs connus, ce qui suggère que l'activité « stimulatrice » dépendrait de facteurs de transcription non encore identifiés. L'induction de la transcription de la BSDL par le PTF-1 (facteur de transcription pancréatique) semble faible [Roux *et al.* 1989; Lidberg *et al.*, 1998] contrairement à l'induction du gène codant pour l'élastase I [Kruse *et al.*, 1995]. Le PTF-1 ne semble donc pas être impliqué dans l'activation du gène de la BSDL pancréatique [Lidberg *et al.*, 1998].

2. Sécrétion de la BSDL pancréatique

La masse moléculaire élevée (100 kDa) de la BSDL [Lombardo *et al.*, 1978] est en grande partie due à son taux de glycosylation. Contrairement à d'autres enzymes et protéines issues de la sécrétion pancréatique, les BSDL de rat et de l'homme sont associées aux membranes intracellulaires durant leur processus sécrétoire [Bruneau et Lombardo, 1995; Bruneau *et al.*, 1995]. Cette association nécessite l'intervention d'un complexe formé de la protéine chaperonne, la Grp94

[Madeyski *et al.*, 1998] ainsi que deux autres protéines de 46 kDa (p46) et 56 kDa (p56). À ce jour, aucun rôle précis n'a été attribué à ces protéines. Il est possible que ce complexe de structuration fonctionne jusqu'à l'appareil de Golgi où l'enzyme acquiert sa structure définitive prête à être sécrétée. La protéine Grp94 serait probablement impliquée dans le processus de sécrétion de la BSDL, d'abord en accompagnant la BSDL jusqu'à son site de libération, le réseau transgolgien, ensuite en permettant à la BSDL d'être proche physiquement des glycosyltransférases membranaires. En effet avant d'être sécrétée, la BSDL subit un certain nombre de modifications co- et post-traductionnelles représentées par la conjugaison d'une chaîne glycosidique *N*-liée sur un site proche du site actif et de plusieurs chaînes *O*-glycosylées liées au domaine C-terminal de la protéine. Finalement la BSDL est phosphorylée avant d'être orientée vers le compartiment sécrétoire (Voir la Figure 2).

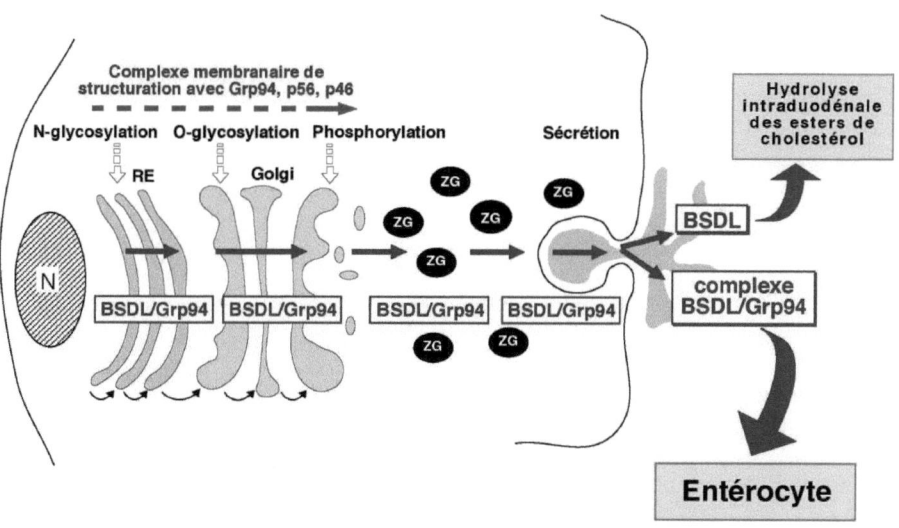

Figure 2 : **Représentation schématique de la voie de sécrétion de la BSDL.**

2.1. La *N*-glycosylation de la BSDL

La BSDL est une glycoprotéine dont la composition en sucres est en accord avec la présence de structures *N*- et *O*-glycosylées. La *N*-glycosylation de la BSDL commence par le transfert du précurseur oligosaccharidique sur sa chaîne naissante. Une fois le transfert en bloc réalisé, le précurseur oligosaccharidique peut alors être maturé dans l'appareil de Golgi sans affecter le taux de sécrétion de la BSDL [Abouakil *et al.*, 1993]. La structure des chaînes oligosaccharidiques *N*-liées de type complexe biantennaire de la BSDL du suc pancréatique humain a été déterminée [Sugo *et al.*, 1993] (Figure 3).

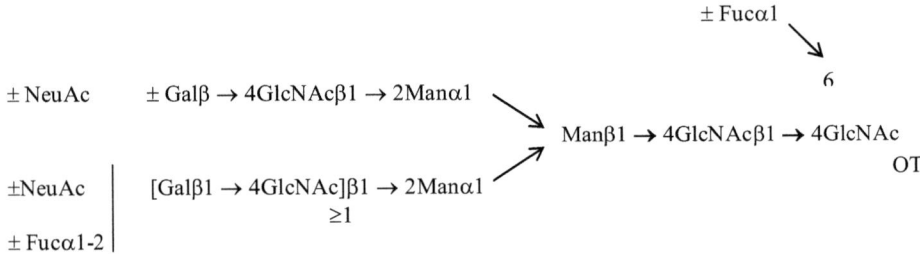

Figure 3 : **Structure de la *N*-glycosylation de la BSDL** [Sugo *et al.*, 1993].

Le rôle de la *N*-glycosylation sur le repliement, l'activité et la sécrétion de la BSDL a été déterminé selon deux approches expérimentales. La première consista à utiliser des drogues comme la tunicamycine, qui empêche la *N*-glycosylation des protéines naissantes. Ainsi les travaux réalisés sur le modèle cellulaire AR4-2J, exprimant la BSDL avec son site de *N*-glycosylation d'origine, ont montré que la modification cotraductionnelle est nécessaire pour le repliement correct de l'enzyme dans sa conformation active [Abouakil *et al.*, 1993; Morlock-Fitzpatrick et Fisher, 1995]. La deuxième utilisa la mutagenèse dirigée sur le site de *N*-glycosylation, qui nécessite un clonage de l'ADNc codant pour la glycoprotéine. Cet ADNc muté a été transfecté dans la lignée cellulaire C127 [Hansson *et al.*, 1993]. La BSDL, sécrétée par ces cellules, présente une activité similaire à la BSDL non mutée, ainsi que la même résistance au pH, à la température et à la digestion par la trypsine. Ce travail a fait suggérer aux auteurs que l'absence de site potentiellement glycosylable de la BSDL éliminerait le contrôle de qualité auquel la protéine doit satisfaire pour être sécrétée [Hansson *et al.*, 1993]. Cette hypothèse ne tient pas en compte de la perte d'activité de la BSDL exprimée par les cellules pancréatiques ou par les cellules transfectées avec l'ADNc de la BSDL en présence de tunicamycine [Abouakil *et al.*, 1993; Morlock-Fitzpatrick et Fisher, 1995].

Les motifs *N*-liées apparaissent donc essentiels à la structuration correcte de l'enzyme et pour le transport de la BSDL depuis le réticulum endoplasmique (RE), où les structures oligomannosidiques sont transférées sur l'enzyme, vers le compartiment golgien [Mas *et al.*, 1993]. La fraction de la BSDL, qui n'a pas été glycosylée est probablement ramenée vers le RE pour y être dégradée par l'intermédiaire d'un système protéasome ubiquitine dépendant (Ubiquitin-dependent proteasome ou UDP) [Le Petit-Thévenin *et al.*, 2001]. La dégradation de la BSDL ubiquitinylée (ub-BSDL) a lieu, au niveau de la membrane du RE, sans libération apparente de l'ub-BSDL dans le cytosol [Le Petit-Thévenin *et al.*, 2001]. L'ATP, transporté à l'intérieur du RE [Clairmont *et al.*, 1992], permet l'association de la BSDL aux membranes [Pasqualini *et al.*, 1997] et est nécessaire à la dégradation de l'enzyme [Le Petit-Thévenin *et al.*, 2001].

2.2. La *O*-glycosylation de la BSDL

Une fois transférée dans le compartiment golgien, la fraction de la BSDL, qui est *N*-glycosylée, va pouvoir être *O*-glycosylée au niveau des séquences répétées de sa région C-terminale [Wang *et al.*, 1995]. Ces séquences répétées sont constituées de motifs riches en proline (P), acide glutamique E, sérine (S), thréonine (T), communément appelés séquences PEST qui sont des signaux adressant normalement les protéines vers les voies de la dégradation. En dehors du fait que la glycosylation de ces séquences répétées confère une stabilité au domaine catalytique de la BSDL [Loomes *et al.*, 1999], l'activité enzymatique et l'activation par les sels biliaires sont en revanche indépendantes de la *O*-glycosylation [Hansson *et al.*, 1993; Morlock-Fitzpatrick et Fisher, 1995]. Une fois tous les sites de *O*-glycosylation occupés par des structures glycanniques masquant les séquences PEST, l'enzyme devient « apte à être sécrétée » et rejoint le trans-Golgi. Le cheminement de la BSDL du RE vers le compartiment transgolgien nécessite son association aux membranes intracellulaires. Cette association, essentielle à la *O*-glycosylation de la protéine [Bruneau *et al.*, 1997], implique la présence du complexe de repliement incluant la Grp94, qui facilite l'orientation de la BSDL vers le processus sécrétoire dans le compartiment transgolgien [Nganga *et al.*, 2000].

2.3. La phosphorylation de la BSDL

La fraction de la BSDL, qui atteint le réseau transgolgien, subit une phosphorylation, réalisée par une caséine kinase de type II [Pasqualini *et al.*, 2000], sur le résidu de thréonine en position 340 [Vérine *et al.*, 2001]. La phosphorylation joue un rôle important dans la dissociation de la BSDL des membranes intracellulaires [Pasqualini *et al.*, 2000]. En effet, il a été montré récemment que la BSDL s'associe aux radeaux lipidiques afin de subir un dernier contrôle de qualité avant d'être phosphorylée, puis libérée des membranes [Aubert-Jousset *et al.*, 2004b]. Cependant la fraction de la BSDL n'ayant pas été correctement *O*-glycosylée ne devrait pas être phosphorylée, mais être dirigée vers les voies de dégradation du protéasome après ubiquitinilation [Le Petit-Thévenin *et al.*, 2001]. Par ailleurs, il est important de noter que la phosphorylation du résidu thréonine 340 n'est pas essentielle à l'expression de l'activité enzymatique et l'activation par les sels biliaires [Vérine *et al.*, 2001].

2.4. Sécrétion de la BSDL et pathologies humaines

2.4.1. La pancréatite

Dans le cas de la pancréatite aiguë, il a été observé une augmentation du taux sérique de pratiquement toutes les enzymes de sécrétion pancréatiques [Blind *et al.*, 1987]. C'est également le cas de la BSDL, dont le taux sérique chez les individus normaux est compris entre 1,2 et 1,5 µg/l [Blind *et al.*, 1987; Lombardo *et al.*, 1993], et atteint des valeurs supérieures à 7 µg/l chez les malades souffrant de pancréatites aiguës ou de pancréatites nécrotiques [Blind *et al.*, 1991]. Des taux normaux de BSDL circulante ont été enregistrés dans plusieurs maladies affectant le tractus gastrointestinal [Blind *et al.*, 1987; Blind *et al.*, 1991], notamment les cancers pancréatiques où le taux sérique de l'enzyme est fortement diminué [Lombardo *et al.*, 1993], les carcinomes (gastriques, hépatiques et colorectaux), et les pancréatites chroniques [Blind *et al.*, 1987; Lombardo *et al.*, 1993].

L'éthanol, qui représente la cause majeure du développement des pancréatites, exerce plusieurs effets, sur le pancréas exocrine, liés, d'une part, aux changements physiques dans les structures de l'organe, et d'autre part, aux altérations sécrétoires [DiMagno *et al.*, 1993; Reber *et al.*, 1993]. Le traitement chronique des cellules pancréatiques de rats avec des concentrations élevées d'éthanol induit une augmentation à la fois de l'expression et de la sécrétion de la BSDL. De plus, il a été montré qu'en présence de l'alcool, et en dehors de son effet stimulant sur la biosynthèse de la BSDL, l'enzyme s'accumule préférentiellement au niveau du cytosol [Le Petit-Thévenin *et al.*, 1998]. C'est ainsi que la BSDL pourrait être responsable de l'accumulation des esters de cholestérol dans les gouttelettes de lipides cytosoliques observées dans le pancréas de rat après une prise d'éthanol [Wilson *et al.*, 1997], ce qui constitue un facteur de risque contribuant au développement des pancréatites chroniques.

2.4.2. Le cancer

Une glycoisoforme de la BSDL, la FAPP (pour Foetoacinar Pancreatic Protein), a été détectée dans le suc pancréatique de patients atteints de cancers pancréatiques. Elle a été également identifiée dans le pancréas fœtal humain grâce à la présence sur la protéine de l'épitope J28 reconnu par l'anticorps mAbJ28 [Albers *et al.*, 1987]. Cet anticorps qui reconnaît une structure oligosaccharidique particulière, fucosylée et *O*-liée, portée par le domaine C-terminal de la FAPP [Mas *et al.*, 1993] a permis de mettre en évidence un polypeptide d'environ 32 kDa à la surface des cellules de la lignée pancréatique humaine SOJ-6. Ce polypeptide pourrait représenter la partie C-terminale, non dégradée, de la FAPP [Panicot *et al.*, 1999a]. En effet, des résultats récents ont montré la présence du glycopeptide C-terminal de la FAPP, lequel serait issu de la dégradation de la FAPP *via*, certainement, la voie de dégradation ubiquitine et protéasome dépendant [Panicot-Dubois *et al.*, 2004].

La FAPP et la BSDL diffèrent par leurs nombres de séquences répétées C-terminales mais aussi par leurs degrés de glycosylation [Mas *et al.*, 1993]. En effet, bien que le domaine codant pour la région N-terminale des deux protéines soit identique, le domaine qui code pour les 16 séquences répétées de la BSDL est, dans le cas de la FAPP, tronqué de 330 pb et ne code plus que pour 6 séquences.

La concentration sérique de la FAPP est à l'état de traces en absence de pathologie pancréatique, en revanche elle est nettement augmentée dans le cas de pathologies pancréatiques et plus spécifiquement dans le cas de cancers pancréatiques [Fujii *et al.*, 1987]. La FAPP est très peu ou pas du tout sécrétée [Escribano et Imperial, 1989; Miralles et *al.*, 1993; Roudani *et al.*, 1994] par la cellule pancréatique tumorale, ce qui est vraisemblablement dû à un défaut de recyclage de la protéine Rab6 dont la principale fonction est d'adresser correctement, avec la participation d'autres protéines, les vésicules cargo au sein de l'appareil de Golgi. La protéine Rab6 exprimée par la cellule pancréatique normale alterne entre deux formes, l'une active liée aux GTP et aux membranes intracellulaires, et l'autre inactive liée aux

GTP et cytosoluble. Le passage entre la forme active et la forme inactive permet un adressage intracellulaire sélectif et spécifique des vésicules golgiennes. Dans le cas de la cellule acineuse tumorale, ce cycle ne s'effectue plus car la protéine Rab6-GDIβ, responsable du recyclage entre forme active et inactive de la protéine Rab6, n'est pas fonctionnelle [Caillol *et al.*, 2000].

La FAPP, possédant une spécificité de substrat comparable à celle de la BSDL [Mas *et al.*, 1993], pourrait être également impliquée dans le cycle d'homéostasie cellulaire du cholestérol [Le Petit-Thévenin *et al.*, 1998], essentiel à la néoformation des membranes des cellules prolifératives comme les cellules fœtales [Roudani *et al.*, 1995] et tumorales. Cependant le rôle exact de la FAPP dans la prolifération des cellules tumorales reste à définir. Par ailleurs la FAPP ne peut être accumulée indéfiniment au sein des cellules tumorales et devrait ainsi suivre le même sort que celui des molécules de BSDL mal structurées : la dégradation *via* la voie UDP [Le Petit-Thévenin *et al.*, 2001].

2.4.3. Le diabète

La récente détection d'auto-anticorps circulants dirigés contre la BSDL chez des patients souffrant de diabète de type I suggère que, dans certaines circonstances, la BSDL et/ou ses produits de dégradation peuvent être reconnus comme des « non Soi » par le système immunitaire [Panicot *et al.*, 1999b]. Le diabète de type I (ou diabète insulino-dépendant) est une maladie auto immune, il s'agit d'une dérégulation du système immunitaire qui aboutit à la destruction des cellules des îlots de Langerhans par les lymphocytes T. La détection des auto-anticorps dirigés contre une enzyme produite par les cellules acineuses du pancréas constitue une preuve indirecte de l'atteinte du pancréas exocrine dans le diabète de type I. Ce phénomène peut être expliqué, d'une part, par la possibilité que ces auto-anticorps proviennent de la lyse des cellules acineuses qui surviendrait suite à l'infiltration de macrophages et de lymphocytes dans le pancréas, ou d'autre part, par une glycémie post prandiale très élevée chez les patients diabétiques susceptible d'affecter le métabolisme de la cellule acineuse. Il faut noter que les anticorps, dirigés contre la BSDL, sont détectés chez 74 % des patients atteints de diabète de type I contre 8 % chez les patients sains [Panicot *et al.*, 1999b]. Cependant, les évènements immunologiques aboutissant à la production d'auto-anticorps dirigés contre la BSDL restent encore à définir. Le fait que ces auto-anticorps soient dirigés uniquement contre la région C-terminale de la BSDL plaide en faveur d'une dégradation cellulaire de la BSDL. Les glycopeptides générés par la dégradation de la BSDL et les structures *O*-glycanniques modifiées peuvent être reconnus comme des « non Soi » par le système immunitaire, suite à leur présentation membranaire qui apparaît comme une issue obligatoire dans la mesure où aucun anticorps n'a été détecté dans d'autres pathologies pancréatiques incluant les pancréatites chroniques et aiguës [Mas *et al.*, 1993; Lombardo *et al.*, 1993] et les nécroses pancréatiques [Blind *et al.*, 1987].

3. Transcytose de la BSDL pancréatique

3.1. Origine de la BSDL circulante

La BSDL est exprimée de façon prédominante dans les cellules acineuses pancréatiques et la glande mammaire de nombreuses espèces incluant l'homme [Lombardo *et al.*, 1978; Bläckberg et Hernell, 1993], le chat [Wang *et al.*, 1989], le furet [Ellis et Hamosh, 1992], la souris [Lidmer *et al.*, 1995], le porc [Momsen et Brockman, 1977] et le rat [Erlanson et Scand, 1975]. Une isoforme de la BSDL a été détectée dans le foie [Zolfaghari *et al.*, 1989; Vérine *et al.*, 1999; Kissel *et al.*, 1989]. En plus de sa présence dans le tractus digestif, la BSDL a été également détectée au niveau de la paroi vasculaire [Shamir *et al.*, 1996]. La présence de la BSDL a été décrite également au niveau des cellules endothéliales [Li et Hui, 1998], des macrophages humains [Li et Hui, 1997] et des éosinophiles [Holtsberg *et al.*, 1995]. Dans les cellules endothéliales, seul un transcrit non spécifique a pu être détecté, ce qui ne constitue donc pas une preuve de la présence de la protéine. La séparation par chromatographie des constituants du lysat des éosinophiles humaines indique la présence d'une protéine dont le poids moléculaire (74 kDa) ne correspond pas à celui de la BSDL humaine (100 kDa) [Lombardo *et al.*, 1978].

Dans la lumière intestinale, la BSDL humaine proviendrait chez le nouveau-né du lait maternel ou chez l'adulte de la sécrétion pancréatique. Indépendamment de son origine, l'enzyme conserve des propriétés immunologiques et structurales similaires. Une étude réalisée *in vivo* [Bruneau *et al.*, 2003b] a permis une approche physiologique sur le comportement de la BSDL. Pour cela, de la BSDL pure marquée soit au fluorochrome (FITC) soit à l'iode radioactif a été instillée dans des anses intestinales de rats anesthésiés. Les analyses biochimiques et immunocytochimiques réalisées sur les cellules intestinales et le sang de ces animaux ont montré qu'une partie de cette enzyme est internalisée par les cellules intestinales puis subit une transcytose transépithéliale pour être ensuite libérée dans l'espace interstitiel. À partir de ce compartiment, la BSDL rejoint la circulation sanguine. Dans le compartiment plasmatique, la BSDL est véhiculée essentiellement par les lipoprotéines contenant l'apolipoprotéine B100 (ApoB-100), les VLDL et les LDL [Bruneau *et al.*, 2003b] confirmant les travaux antérieurs du groupe [Caillol *et al.*, 1997; 1998]. La nature de la liaison à l'apoB-100 demeure encore inconnue, mais s'effectue de manière équimolaire. En absence de preuves tangibles démontrant l'expression de la BSDL par les cellules endothéliales et myéloïdes, il semble que la BSDL dans la circulation sanguine soit d'origine pancréatique.

3.2. Mécanisme de transcytose de la BSDL

Au début des années 1960, Gallo et son équipe ont détecté de la BSDL dans les cellules intestinales de rat [Gallo *et al.*, 1963], résultat confirmé plus tard chez l'homme [Lechêne de la Porte *et al.*, 1987] puis chez le rat [Bruneau *et al.*, 1998]. La BSDL atteint la *lamina propria* où les tissus lymphatiques fusionnent. Il a été montré chez le rat que la BSDL, liée à la protéine chaperonne la Grp94, est associée aux microvillosités des cellules épithéliales duodénales. Une fois internalisée dans le compartiment endosomal et dissociée de la protéine chaperonne, la BSDL atteint la membrane basolatérale de l'entérocyte [Bruneau *et al.*, 1998; Bruneau *et al.*, 2000]. Ces données suggèrent que la BSDL pancréatique, par un mouvement au travers de l'entérocyte, est libérée dans la *lamina propria*, d'où elle peut rejoindre la circulation sanguine [Lombardo *et al.*, 1993] où elle est associée aux LDL [Caillol *et al.*, 1997], ce qui suggère l'importance physiologique de ce transport au travers de la paroi intestinale.

Une étude récente a permis la description du mécanisme de transcytose de la BSDL grâce à un système *in vitro* permettant un transport de l'enzyme du domaine apical vers le domaine basolatéral [Bruneau *et al.*, 2001]. À cet effet, la lignée cellulaire Int 407 humaine a été cultivée de façon à obtenir un épithélium étanche. Une fois les cellules incubées en présence de la BSDL humaine, cette dernière semble être spécifiquement internalisée par une endocytose médiée par des récepteurs *via* les puits à clathrine. La BSDL transite ensuite au travers de l'appareil de Golgi où elle est colocalisée avec le récepteur « KDEL ». Finalement, la BSDL, dont l'activité enzymatique est restée intacte, est libérée au niveau basolatéral de la membrane. La BSDL peut donc être captée par les cellules intestinales, puis transportée jusqu'à la circulation sanguine. Ce mécanisme implique la présence de récepteur(s) spécifique(s), au niveau de la membrane apicale de la cellule intestinale, capable(s) de fixer la BSDL. Dans une étude utilisant le modèle cellulaire Int 407, une protéine apicale de 50 kDa capable de se lier à la BSDL a été détectée. Cette protéine de 50 kDa serait le récepteur « lectine-like oxidized lipoproteins » appelé LOX-1 [Bruneau *et al.*, 2003a]. Récemment découvert, ce récepteur, appartenant à la famille des lectines de type C, est capable de reconnaître et d'internaliser les LDL oxydées. LOX-1, identifié sur les cellules endothéliales [Sawamura *et al.*, 1997], serait donc aussi présent sur les cellules épithéliales où il constituerait un récepteur intestinal de la BSDL. Pour l'instant le mécanisme exact de la transcytose de la BSDL au travers des cellules intestinales Int 407, impliquant le récepteur LOX-1, demande à être mieux documenté. Notamment en ce qui concerne la libération de la BSDL du récepteur LOX-1, une fois que le complexe aura atteint le domaine basolatéral de la membrane de la cellule intestinale. Cette libération peut être due aux structures lipoprotéiques néosynthétisées dans la cellule intestinale comme les chylomicrons [Hui et Howles, 2002; Bruneau *et al.*, 2003a] qui peuvent contribuer à la dissociation du complexe [BSDL - LOX-1]. Cependant, l'implication du récepteur LOX-1 dans la transcytose entérocytaire de la BSDL pancréatique n'exclut pas l'intervention d'autre(s) récepteur(s). Tous les évènements relatifs à la transcytose de la BSDL sont résumés dans la Figure 4.

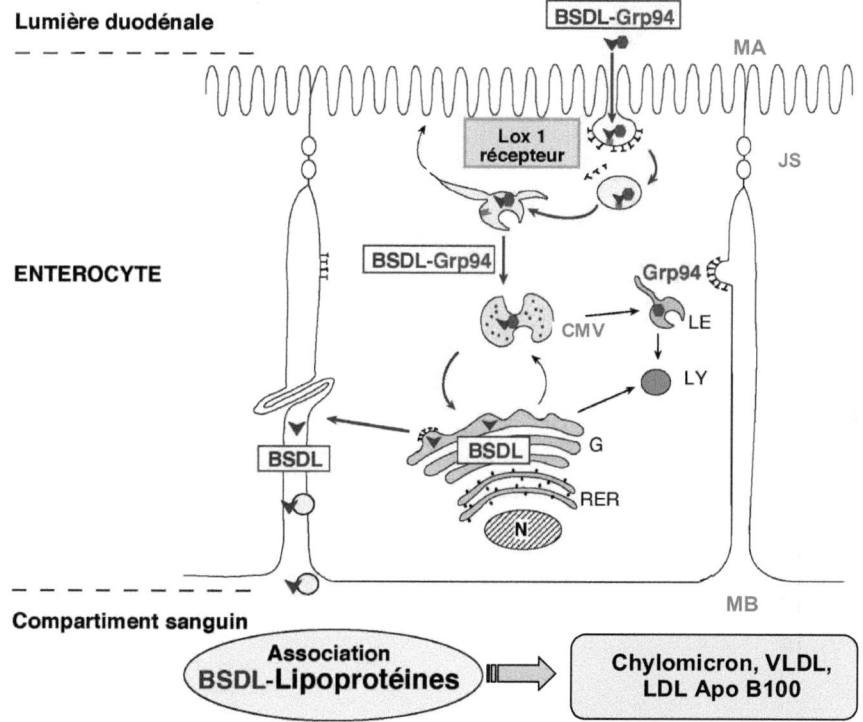

Figure 4 : Transcytose de la BSDL dans la cellule intestinale. MA: membrane apicale; JS: jonctions serrées; MB : membrane basolatéral; LY: lysosome; N: noyau; G: appareil de Golgi; RER: réticulum endoplasmique rugueux; CMV: corps multivésiculaire [Lombardo, 2001].

4. BSDL, métabolisme des lipoprotéines et athérosclérose

4.1. Généralités

Quelle que soit son origine tissulaire, la BSDL plasmatique semble être associée en partie aux LDL. Ces particules contiennent toutes l'apoB100, en tant qu'apolipoprotéine majoritaire, et des esters de cholestérol dans le noyau lipidique. L'importance du cholestérol et plus particulièrement des LDL dans l'athérogenèse n'est plus contestée, depuis les essais cliniques de prévention primaires et secondaires chez les patients hypercholestérolémiques qui ont démontré qu'il était possible de réduire le risque cardiovasculaire en diminuant le cholestérol LDL à l'aide de statines [Steinberg et Gotto, 1999; Finsterer, 2003]. Bien qu'il soit établi qu'une élévation anormale de la cholestérolémie augmente le risque cardiovasculaire, il paraît aujourd'hui que le cholestérol ne présente pas la même potentialité athérogène selon qu'il est véhiculé par les VLDL/LDL ou par les HDL. En première analyse, les HDL exercent plutôt un effet bénéfique sur l'évolution de la plaque d'athérome, alors que, les particules de densité plus légère (VLDL, IDL et LDL) favorisent la formation de la plaque. Les LDL font ainsi partie des lipoprotéines à fort potentiel athérogène et dont les taux sont étroitement associés au risque cardiovasculaire et à l'instauration d'une athérosclérose précoce [Genest et Cohn, 1999]. Cependant, les diverses particules contenant de l'apoB ne présentent pas toutes le même risque et l'athérogénicité d'un profil lipoprotéique ne peut être évalué avec précision sur la seule base de la concentration des principales lipoprotéines circulantes [Packard, 1999].

Il est maintenant clairement établi que l'oxydation des lipoprotéines est au centre du processus d'athérosclérose et requiert l'implication de plusieurs mécanismes moléculaires, parmi lesquels l'augmentation de la captation des LDL oxydées par les macrophages, leur cytotoxicité, l'attraction et le recrutement des monocytes, etc [Witztum et Steinberg, 2001]. En plus de leur rôle dans la formation des cellules spumeuses depuis les macrophages, les LDL oxydées sont directement impliquées dans d'autres aspects d'athérogenèse, notamment la dysfonction des cellules endothéliales et l'augmentation de l'adhésion des macrophages et des cellules musculaires lisses [Fenster et al., 2003].

4.2. Métabolisme des lipides dans le compartiment vasculaire

Bien que la fonction précise de la BSDL au niveau de la paroi vasculaire demeure spéculative, certains aspects suggèrent un rôle protecteur de cette enzyme. En effet, la BSDL en exerçant son activité de lysophospholipase [Lombardo et al., 1980] pourrait jouer un rôle protecteur contre les effets athérogènes des lysophosphatidyls cholines (lysoPC). Les lysoPC sont générés, au niveau des cellules endothéliales [Goldstein et al., 1979], durant l'oxydation des LDL, lipoprotéines incluant la BSDL [Caillol et al., 1997]. Il a été montré, in vitro, que les lysoPC diminuent la relaxation de l'endothélium artériel [Kugiyama et al., 1990], exercent un pouvoir chimioatactique sur les monocytes [Quinn et al., 1988], induisent l'adhésion des monocytes aux cellules endothéliales artérielles [Kume et al., 1992], et provoquent la prolifération des macrophages [Sakai et al., 1994]. La quantité de lysoPC dans les lésions athérosclérotiques est beaucoup plus élevée (+ 800 %) que dans l'aorte normale [Portman et Alexander, 1969].

La production de lysoPC dans les plaques d'athérome est attribuée à l'activation intrinsèque de la phospholipase A_2 durant l'oxydation des LDL [Parthasarathy et Barnett, 1990]. Le rôle de la phospholipase A_2 et ses produits d'hydrolyse dans le processus d'athérogenèse a été démontré chez des souris transgéniques par l'augmentation des lésions au niveau de la strie lipidique dans l'artère [Ivandic et al., 1996; Ivandic et al., 1999]. Une autre classe de molécules de signalisation lipidique importante pour la modulation des fonctions des cellules vasculaires, inclut les sphingolipides, parmi lesquels la sphingosine 1-phosphate et les céramides. Les lipoprotéines, retenues dans la matrice extracellulaire de la paroi artérielle, peuvent êtres hydrolysées par la sphingomyélinase résultant de l'accumulation et la rétention des LDL [Schissel *et al.*, 1996]. Les céramides sont des molécules de signalisation lipidique elles aussi générées lors de l'oxydation des LDL et dont le rôle promoteur de la prolifération des cellules musculaires lisses (CML) a déjà été démontré [Augé *et al.*, 1998; 1999]. Les lysoPC exercent également un effet stimulant sur la prolifération des CML qui jouent un rôle central dans le développement des lésions athéromateuses. Ainsi la BSDL endothéliale en hydrolysant les lysoPC [Lombardo *et al.*, 1980] et les céramides [Kirby *et al.*, 2002] serait susceptible de diminuer l'attraction des monocytes et la formation des cellules spumeuses, ou bien de réguler la prolifération des CML en réduisant le taux des seconds messagers lipidiques comme les lysoPC [Chai *et al.*, 2000] et les céramides [Augé *et al.*, 1996; Hui *et al.*, 1993].

À l'opposé de cet effet protecteur, la BSDL pourrait néanmoins avoir des conséquences néfastes sur l'athérogenèse en convertissant les LDL de grande taille et faiblement athérogènes en LDL de petite taille et fortement athérogènes [Brodt-Eppley *et al.*, 1995]. En effet, des études cliniques ont montré que les individus présentant un taux élevé de LDL, petites et denses, ont une prévalence accrue de maladies cardiovasculaires [Krauss, 1994]. Cette augmentation du risque s'explique à la fois par l'augmentation de la susceptibilité à l'oxydation des LDL petites et denses, par leur plus forte affinité pour les protéoglycannes de la paroi artérielle, par leur faible affinité pour leur récepteurs cellulaires [Nigon *et al.*, 1991], et par leur plus forte propension à pénétrer la paroi vasculaire [Packard, 1999].

La nécessité de la présence des sels biliaires pour l'activation de la BSDL implique une activité minimale en dehors du tractus digestif où la concentration en sels biliaires est faible. Dans le sérum à jeun, la concentration en sels biliaires avoisine 10 µM et augmente de trois fois à l'état postprandial [Campbell *et al.*, 1975; Costarelli et Sanders, 2001]. De plus, la concentration en sels biliaires est six fois plus élevée dans le sang portal que dans la circulation périphérique et peuvent atteindre 100 µM [Angelin *et al.*, 1982]. Néanmoins, des expériences, réalisées *in vitro*, ont permis de constater que certaines classes de phospholipides acides pouvaient suppléer à la carence plasmatique en sels biliaires en permettant l'activation de la BSDL [Aubert *et al.*, 2002]. Cependant ces phospholipides acides sont des composants du feuillet interne de la membrane cellulaire et ne devraient, en dehors de circonstances pathologiques, pas être disponibles pour activer la BSDL.

4.3. Rôle de la BSDL dans le transport du cholestérol

Le foie constitue l'organe central de gestion du métabolisme et du transport des lipides dans l'organisme. Il prend en charge les lipides résiduels d'origine intestinale et les intègre dans de nouvelles lipoprotéines afin de les redistribuer aux tissus périphériques. Ces derniers captent les lipides (principalement le cholestérol et les acides gras non estérifiés) par le biais de l'endocytose et l'hydrolyse des lipoprotéines d'origine hépatique ou intestinale. Quant au cholestérol, la plupart des tissus périphériques ne peuvent pas le métaboliser et ont recours, *via* les HDL, à une voie de transport centripète vers le foie, seul organe capable de l'éliminer par voie biliaire. Il a été montré que la BSDL permet une incorporation sélective des esters de cholestérol associés aux HDL par les cellules hépatiques [Li et Hui, 1996]. Dans ce cas, la BSDL peut être anti-athérogène en facilitant la voie de retour (ou le transport reverse) du cholestérol [Wang et Briggs, 2004], réduisant ainsi son accumulation dans les tissus périphériques. En effet, des résultats récents montrent que la BSDL pourrait jouer un rôle important dans la captation hépatique et le métabolisme des esters de cholestérol contenus dans les HDL *via* les récepteurs scavengers de type BI [Camarota *et al.*, 2004].

4.4. BSDL et alcool

Hormis ses activités d'hydrolyse des liaisons esters, la BSDL catalyse également l'acylation de la fonction alcool, l'accepteur du groupement acyle pouvant être une molécule de cholestérol ou de vitamine liposoluble. Cette hydrolyse est favorisée par un pH acide (pH=4-5) et une concentration en sels biliaires faible. Le mécanisme du transfert du groupement acyle sur la fonction alcool est identique à celui impliqué lors de l'hydrolyse. L'alcool a de multiples effets sur le métabolisme des lipoprotéines. Ces effets dépendent de la quantité consommée et de la durée d'exposition à l'alcool. Ainsi une prise quotidienne de 40 g d'alcool pendant 3 semaines se traduit par une altération du métabolisme lipidique post-prandial [Hartung *et al.*, 1993]. L'augmentation de la biosynthèse de la BSDL due à une intoxication à l'éthanol devrait être révélatrice de plusieurs aspects du métabolisme lipidique. En effet, la présence de taux élevés de BSDL dans le duodénum de patients alcooliques est probablement le résultat de la forte capacité des sujets alcooliques à hydrolyser les lipides alimentaires tels que les esters de cholestérol [Howles *et al.*, 1996]. Ceci pourrait expliquer l'hyperlipidémie observée suite à une ingestion postprandiale d'alcool [Pownall, 1994]. Dans ces conditions, une quantité élevée de BSDL peut transiter au travers de l'entérocyte [Bruneau *et al.*, 1998; 2001], provoquant ainsi l'augmentation de la concentration de l'enzyme dans la circulation sanguine [Lombardo *et al.*, 1993]. D'autre part, l'effet protecteur bien connu d'une consommation modérée d'alcool contre les maladies cardiovasculaires [Hannuksela *et al.*, 2004], pourrait être corrélé au taux élevé de la BSDL plasmatique interférant avec le métabolisme des lipoprotéines.

Toutes ces observations suggèrent que la BSDL aurait un rôle extraduodénal autre que celui d'une simple hydrolase intestinale. Des études complémentaires sont nécessaires afin de définir le rôle exact de la BSDL circulante dans le métabolisme des lipoprotéines, les informations obtenues pourraient permettre de définir des voies et des stratégies dans le traitement des dyslipidémies athérogènes afin de réduire l'incidence des maladies liées à cette dysfonction métabolique.

5. Dysfonctionnement du compartiment vasculaire

L'objectif principal de ce chapitre est d'apporter quelques éléments nécessaires à la compréhension de nos travaux de recherche.

L'endothélium vasculaire joue un rôle crucial dans la physiologie de la circulation, cette monocouche cellulaire occupe une position stratégique à l'interface entre sang circulant et paroi artérielle [Traub et Berk, 1998]. L'endothélium vasculaire possède ainsi un grand nombre de fonctions spécifiques modulables par son environnement et par l'intermédiaire desquelles il participe activement à la régulation de tous les aspects de l'homéostasie vasculaire, ainsi qu'à des processus physiologiques ou physiopathologiques comme l'inflammation, la thrombose, la cancérogenèse et l'athérogenèse [Poredos, 2002].

5.1. Pathogenèse de l'athérosclérose

5.1.1. Définitions

Les maladies cardiovasculaires représentent l'une des principales causes de mortalité dans le monde [Braunwald, 1997]. La mortalité par accident coronaire est en augmentation, surtout dans les pays industrialisés, parallèlement à l'amélioration du niveau de vie et aux changements du comportement alimentaire.

L'athérosclérose est une maladie touchant les artères de grand et moyen calibres, elle est caractérisée par l'accumulation de lipides à la faveur d'un processus inflammatoire chronique [Ross, 1999]. Ce processus requiert une interaction complexe entre les éléments circulants (lipoprotéines et cellules) et les cellules de la paroi vasculaire. Comme tous les vaisseaux de la macrocirculation, la paroi artérielle est organisée en quatre couches concentriques avec de l'intérieur à l'extérieur:

l'intima (ou couche interne), constituée par une monocouche continue de cellules endothéliales reposant sur leur membrane basale et plus en profondeur sur la couche sous-endothéliale constituée de macromolécules de la matrice extracellulaire (collagène et protéoglycanes); la couche sous-endothéliale, constitue le site préférentiel pour le développement des lésions d'athérosclérose et sert de zone de stockage des lipoprotéines et des monocytes/macrophages ayant migrés depuis le compartiment sanguin; la frontière entre l'intima et la média, formée par la limitante élastique interne; la média (ou couche moyenne), représente la tunique la plus épaisse à l'état normal, elle est constituée d'un seul type cellulaire: la cellule musculaire lisse (CML); l'adventice (ou couche externe), constituée de collagènes fibrillaires associés dans certains territoires à des amas vasculaires de cellules musculaires lisses (Figure 5).

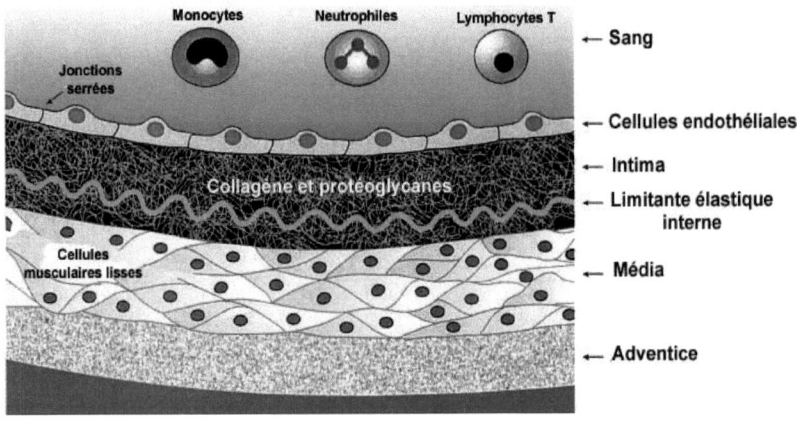

Figure 5: **Structure de la paroi artérielle normale [Lusis, 2000].**

5.1.2. Description anatomopathologique de l'athérosclérose

La description anatomopathologique actuelle de l'athérosclérose retient trois stades évolutifs: strie lipidique, lésion fibro-lipidique et lésion compliquée. Une classification plus détaillée a été proposée par Stary [Stary *et al.*, 1995], qui divise les évènements pathologiques en sept stades de gravité croissante (Tableau 1). Cette classification repose sur l'observation d'un grand nombre d'artères d'enfants et d'adultes jeunes. Elle suggère que les lésions évoluent avec l'âge du sujet en passant successivement d'un type lésionnel au type immédiatement supérieur.

TYPE LESIONNEL	TERME PROPOSE	DESCRIPTION
I	Macrophages spumeux isolés	Macrophages spumeux isolés dans l'intima. Absence de lipides extracellulaires.
II	Strie lipidique	Couches de macrophages spumeux. CML dans l'intima chargées de lipides. Fines particules lipidiques extracellulaires disséminées.
III	Préathérome	Modifications de type II associées à de multiples dépôts lipidiques extracellulaires formant des petits agrégats.
IV	Athérome	Modifications de type II associées à des dépôts massifs de collagène (chape fibreuse) (type IVa), avec calcification (type IVb).
V	Plaque athéroscléreuse	Modifications de type IV associées à des dépôts massifs de collagène (chape fibreuse) recouvrant le noyau lipidique (type Va), avec calcification (type Vb).
VI	Plaque athéroscléreuse compliquée	Modifications de type V avec rupture de la chape fibreuse (VIa), hémorragie intraplaque (VIb) ou thrombose (VIc).
VII	Plaque fibreuse	Epaississement massif de l'intima par sclérose collagène, lipides intra- et extracellulaires absents ou présents en quantités négligeables.

Tableau 1: Classification des lésions de l'athérosclérose [Stary *et al.*, 1995].

5.1.2.1. Formation de la strie lipidique

La strie lipidique représente la lésion athérosclérotique initiale. L'extravasation des lipoprotéines de faible densité (LDL) et leur oxydation dans l'espace sous-endothélial pourraient constituer l'étape cruciale dans la formation de la plaque d'athérome [Napoli *et al.*, 1997]. Les LDL oxydées induisent l'expression de molécules d'adhérence [Khan *et al.*, 1995] et de chimiokines [Cushing *et al.*, 1990; Kitamoto et Egashira, 2004]. Les molécules d'adhérence endothéliale sont nécessaires pour ralentir les monocytes circulants, les arrêter et permettre leur migration dans l'intima. Les monocytes sont alors activés en macrophages, ce qui contribue probablement à accroître le processus d'oxydation des LDL. Les LDL, ainsi davantage oxydées, peuvent être reconnues par des récepteurs éboueurs « scavenger » présents sur ces macrophages. En fonction de nombreux facteurs systémiques, comme les facteurs de risque classiques (hypertension artérielle, hypercholestérolémie, tabagisme, diabète), et les facteurs locaux (degré de dysfonctionnement endothélial, chimiokines, cytokines produites par les différents acteurs cellulaires : endothélium, monocytes-macrophages, CML mais aussi lymphocytes), les macrophages nettoient l'intima et préviennent ainsi l'accumulation des LDL oxydées, ou au contraire s'accumulent dans l'intima en devenant progressivement spumeux formant ainsi la strie lipidique.

L'athérome est ainsi, à la fois, une pathologie métabolique et inflammatoire. L'extension de la strie lipidique tend à être limitée par une réaction cicatricielle des CML de la média qui migrent dans l'intima et sécrètent du collagène. Le niveau d'inflammation de la strie lipidique et la solidité de la chape fibro-musculaire conditionnent la stabilité de la plaque d'athérosclérose, dont la rupture conduit à la libération de matériaux thrombogènes à l'origine d'un thrombus, menaçant le territoire artériel en aval en cas d'occlusion de la lumière vasculaire. Toutes ces étapes sont illustrées dans la Figure 6.

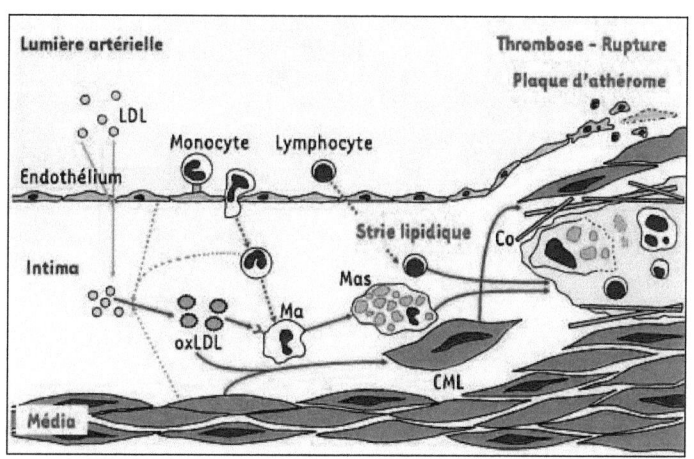

Figure 6 : **Les différentes étapes de la constitution de la strie lipidique et de la plaque d'athérosclérose.** LDL: lipoprotéine de faible densité; oxLDL: LDL oxydées; Ma: macrophages; CML: cellules musculaires lisses; Mas: macrophages spumeux; Co: collagène.

5.1.2.2. Déstabilisation de la plaque

L'une des avancées majeures des années 1990 démontra que les manifestations cliniques graves de la maladie athéromateuse (mort subite, infarctus du myocarde ou cérébral) sont peu dépendantes de la taille de la plaque mais essentiellement liées à son instabilité. Celle-ci se caractérise, au moment de l'incident, par la survenue d'un thrombus luminal au contact d'une rupture de la chape fibreuse (60 % des cas) ou d'une « érosion » endothéliale (40 % des cas) [Davies, 1997; Virmani *et al.,* 2002].

La stabilité de la plaque dépend de plusieurs éléments intrinsèques : la composition de la plaque, le contenu en lipides, en macrophages, en CML et en collagène, et la répartition de ces différents éléments en sont les facteurs déterminants [Burke *et al.,* 2002]. L'une des caractéristiques essentielles d'une plaque stable est la présence d'une chape fibreuse épaisse enrichie en CML et en collagène [Davies, 1997]. Les CML de la chape proviennent de cellules ayant migré à partir de la média à travers la limitante élastique interne et proliféré dans l'intima. En revanche, la présence d'un noyau lipidique important diminue la résistance physique de la plaque, et les macrophages, par leur capacité à dégrader la matrice extracellulaire, ajoutent à sa vulnérabilité. La rupture de la plaque est ainsi le résultat du déséquilibre entre les contraintes circonférentielles auxquelles est soumise la chape fibreuse et la solidité intrinsèque de la chape qui détermine sa résistance à la fracture. Toutefois le risque d'un accident ischémique aigu, notamment celui d'un infarctus du myocarde, est plus fréquemment retrouvé chez les hommes et les patients hypercholestérolémiques [Fenster *et al.*, 2003]. Cette chronologie d'évènements donnant lieu à des complications thromboemboliques lors de la rupture de la plaque est représentée sur la Figure 7.

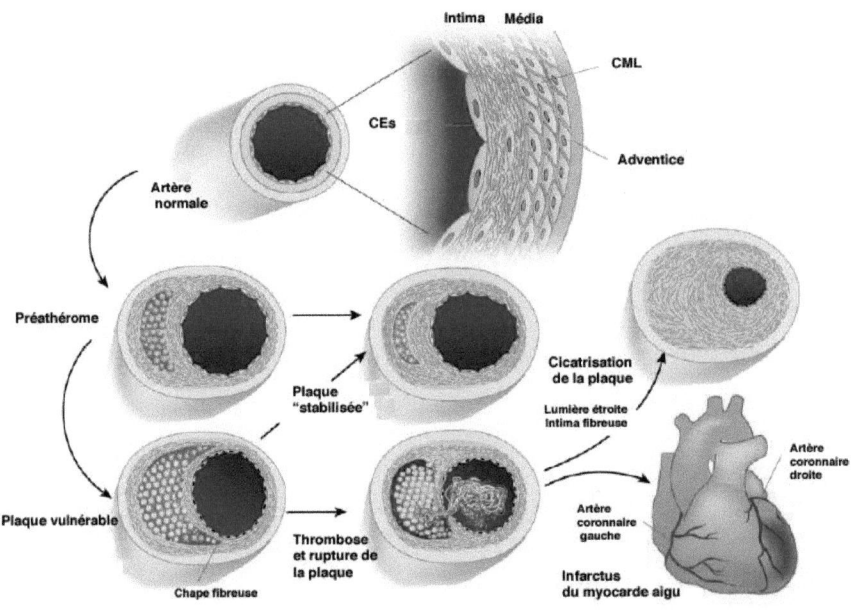

Figure 7: Représentation schématique de l'évolution de la plaque d'athérome [Libby, 2002].

5.2. Angiogenèse et intégrité vasculaire

5.2.1. Déclenchement et mécanismes de l'angiogenèse

L'angiogenèse est un processus contrôlé de bourgeonnement vasculaire à partir de vaisseaux préexistants [Folkman, 1997]. L'angiogenèse physiologique nécessite l'intervention coordonnée de multiples facteurs au cours des différentes étapes aboutissant à la formation d'un nouveau vaisseau [Boehm-Viswanathan, 2000]. La séquence des évènements mis en jeu peut être ainsi résumée : vasodilatation et déstabilisation de la paroi vasculaire; dégradation de la matrice extracellulaire; prolifération et migration des cellules endothéliales, ou incorporation dans le vaisseau en bourgeonnement de précurseurs d'angioblastes circulants issus de la moelle osseuse; établissement des contacts intercellulaires pour former un tube; recrutement et prolifération des péricytes/CML vasculaires. Les principales molécules impliquées dans chacune de ces étapes sont représentées sur la Figure 8.

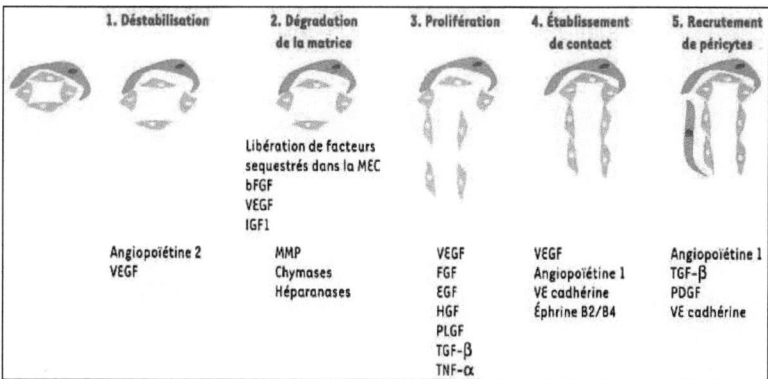

Figure 8: Etapes de l'angiogenèse et principaux facteurs de croissance impliqués. VEGF: vascular endothelial growth factor; bFGF: basic fibroblast growth factor; IGF1: insulin-like growth factor; MMP: métalloprotéases de la matrice extracellulaire; EGF: epithelial growth factor; HGF: hepatocyte growth factor; PLGF: placental growth factor; TGF-β: transforming growth factor β; TNF-α: tumor necrosis factor α; PDGF: platelet derived growth factor [Ross, 1999].

5.2.2. Les facteurs de croissance angiogéniques

Au cours des dernières années, il est apparu clairement que l'angiogenèse n'est pas dépendante d'un seul facteur, mais d'une balance d'inducteurs et d'inhibiteurs produits par les cellules normales ou tumorales. Dans le cadre de notre étude, nous citons les principaux facteurs de croissance impliqués dans le processus d'angiogenèse physiologique et pathologique.

5.2.2.1. Le Vascular endothelial growth factor (VEGF)

Principal facteur de croissance vasculaire, le VEGF est essentiel pendant le développement embryonnaire, il possède également un rôle majeur dans l'angiogenèse physiologique et pathologique chez l'adulte. Le VEGF appartient à une famille constituée de cinq membres [Ferrara, 2000]. Parmi ces derniers, celui dont le rôle est fondamental pour assurer l'angiogenèse est le VEGF-A, dénommé le plus souvent VEGF. Il est constitué d'au moins quatre isoformes de tailles variables, de 121 à 204 acides aminés. Les séquences peptidiques incluses dans les isoformes 165, et surtout 189 et 204, permettent un ancrage du facteur de croissance sur les protéohéparanes sulfatés de la matrice extracellulaire [Ferrara *et al.*, 2003].

Le VEGF stimule l'angiogenèse par l'intermédiaire de deux types de récepteurs, le Flt-1 (fms-like tyrosine kinase) et le KDR (kinase domain region), tous deux capables de transmettre un signal de type tyrosine kinase [Gille *et al.*, 2001]. Ce facteur agit à tous les stades de l'angiogenèse, il augmente la perméabilité vasculaire, favorise la prolifération et la migration des cellules endothéliales et mobilise les angioblastes. C'est enfin un agent chimiotactique pour les monocytes et les CML vasculaires [Li *et al.*, 2003].

5.2.2.2. Le Basic fibroblast growth factor (b-FGF)

Le facteur de croissance fibroblastique basique ou b-FGF, appelé également FGF-2, appartient à la famille des facteurs de croissance fibroblastiques (FGF), qui comporte actuellement 24 membres [Ornitz, 2000]. Le b-FGF ne possède pas de séquence signal hydrophobe, il n'est donc pas sécrété dans les conditions physiologiques, en revanche, il peut l'être après une lyse cellulaire. Suite à sa libération, le b-FGF se lie aux protéoglycanes de type héparane sulfate de la matrice extracellulaire, et se trouve ainsi stocké jusqu'à sa dissociation de son site de liaison sous l'action de la plasmine ou des héparanases. Les effets cellulaires du b-FGF font intervenir un système complexe comportant quatre récepteurs (FGF-1, FGF-2, FGF-3 et FGF-4), qui fonctionnent en synergie avec des protéohéparanes sulfatés membranaires et sont capables d'émettre un signal de type tyrosine kinase [Suhardja et Hoffman, 2003]. Initialement considéré comme un facteur délétère en raison de son pouvoir stimulant sur la prolifération des CML [Bauters *et al.*, 1999], le b-FGF est aujourd'hui considéré comme un facteur bénéfique grâce à son activité trophique au niveau de l'endothélium [Myler et West, 2002].

5.2.2.3. L'Epidermal growth factor (EGF)

Impliqué dans le processus d'angiogenèse [Mendelsohn et Baselga, 2000], le facteur de croissance de l'épiderme ou EGF appartient à la grande famille des facteurs de croissance incluant le TGF-α et des substances apparentées telles l'amphireguline et la β-celluline [Cohen, 1997]. Ils ont été identifiés en tant que médiateurs importants de la prolifération cellulaire. Afin d'exercer son effet intracellulaire, l'EGF se lie à des récepteurs (EGF-R) qui transmettent un signal de type tyrosine kinase.

5.2.2.4. Le Platelet-derived growth factor (PDGF)

Le facteur de croissance dérivé des plaquettes ou PDGF est un facteur mitogène majeur des CML [Betsholtz *et al.*, 2001]. La mise en évidence de plusieurs isoformes de ce facteur, démontre la constante évolution du domaine et rend la connaissance du rôle physiopathologique de ce facteur encore plus incertaine. Ces isoformes du PDGF exercent leurs effets cellulaires par leurs récepteurs PDGFα et β, tous deux émettant un signal de type tyrosine kinase. Le PDGF joue un rôle essentiel dans la formation de nouveaux vaisseaux en assurant leur stabilisation [Carmeliet, 2003].

5.2.3. Rôle des facteurs de croissance dans l'activation des voies de signalisation intracellulaire

L'information de la liaison « cellule-protéine de la matrice extracellulaire » est transmise à l'intérieur de la cellule jusqu'au noyau par les voies de transduction du signal. Ces voies de signalisation sont relativement bien décrites pour les facteurs de croissance, qui les déclenchent initialement par un changement de l'activité enzymatique de leurs récepteurs membranaires, cette activité enzymatique étant souvent une activité tyrosine kinase [Hunter, 1996].

Un exemple classique d'une voie de signalisation utilisée par les facteurs de croissance est la voie des MAP Kinases (Mitogen Activated Protein Kinase). Trois voies impliquant trois sous-familles des MAP Kinases ont été décrites : la voie des MAPK ou des ERK qui joue un rôle clé dans la prolifération et la différenciation cellulaire; la voie des JUN Kinases (JNK1 et JNK2), impliquée dans les réponses au stress (la lumière UV, le choc thermique, l'hypoxie ou l'hyperosmolarité,...etc.); la voie de la p38 MAP Kinase, également activée par le stress osmotique. La liaison du facteur de croissance à son récepteur spécifique aboutit à l'activation en aval des voies de signalisation intracellulaire impliquées. Evènement initial, la phosphorylation sur un résidu de tyrosine d'une RTK (receptor tyrosine kinase), est suivie par une série d'interactions enzymatiques (de type protéine kinase et d'une petite GTPase appelée Ras). La voie se termine par l'entrée de la MAP Kinase ERK dans le noyau et l'activation de protéines intranucléaires, comme la cycline D_1, qui favorise la progression du cycle cellulaire de l'étape G_1 à l'étape S [Fantl *et al.*, 2000] (Figure 9).

Parmi les protéines intracellulaires recrutées à la membrane plasmique se trouvent des protéines kinases, comme la FAK (ou Focal Adhesion Kinase) et les tyrosine kinases de la famille Src [Hunter, 1996]. Ces protéines clefs apportent les activités enzymatiques qui manquent aux intégrines pour déclencher une signalisation équivalente à celle observée avec les récepteurs des facteurs de croissance. D'autres voies de signalisation peuvent être également activées en fonction des facteurs de croissance impliqués, la voie de la phosphatidylinositol-3-kinase (PI3K) et la phospholipase C [Szebenyi et Fallon, 1999].

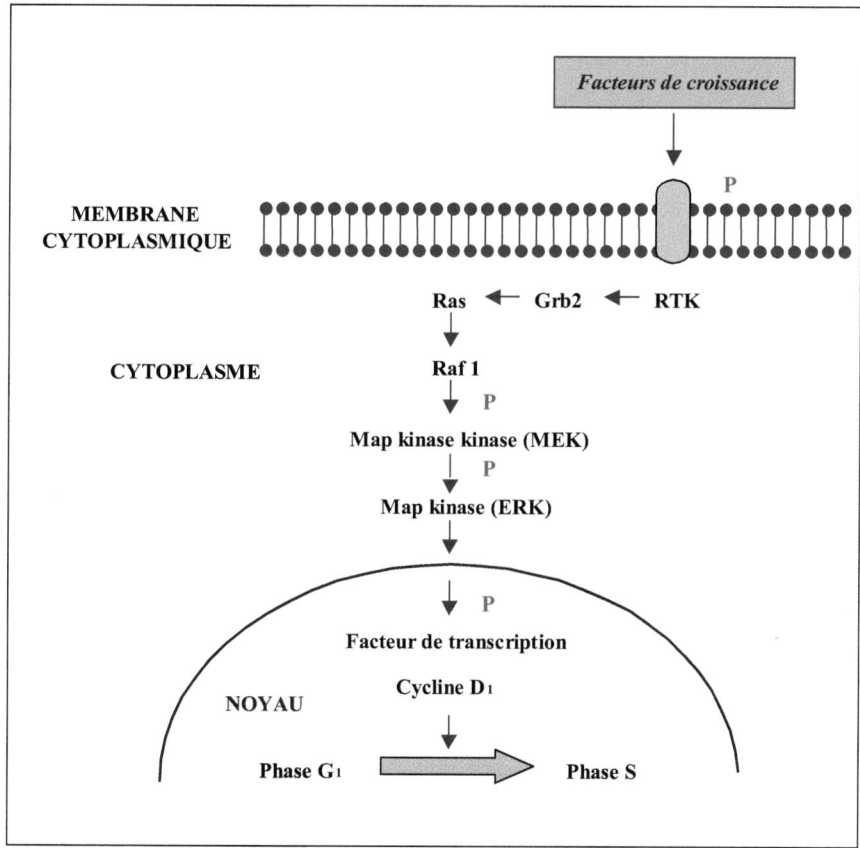

Figure 9 : Activation de la voie des MAPKinases par les récepteurs des facteurs de croissance. Les P indiquent des étapes de phosphorylation.

5.2.4. Rôle de la matrice extracellulaire (MEC)

La migration des cellules endothéliales et le développement de nouveaux vaisseaux capillaires durant la réparation tissulaire dépendent non seulement des cellules et des cytokines présentes mais également de la production et de l'organisation des composants de la MEC dans les tissus granuleux et la membrane basale endothéliale [Li *et al.*, 2003].

La MEC fournit à la paroi vasculaire la structure et le soutien par ses propriétés d'élasticité et de résistance à l'étirement. Outre cet aspect de support physique, les protéines de la MEC jouent un rôle régulateur au niveau des cellules [Jacob *et al.*, 2001; Daniel-Lamazière *et al.*, 1997]. La MEC est composée de quatre éléments : les collagènes, les fibres élastiques, les glycoprotéines de structure et les protéoglycanes (PG). Une des fonctions essentielles des PG est de fixer des cytokines et des facteurs de croissance, permettant leur stockage temporaire mais aussi leur activation et donc le contrôle de leurs activités [Lander et Selleck, 2000]. Les PG de type héparane sulfate (PG-HS) sont des composants essentiels des membranes basales, ils contrôlent la fonctionnalité des facteurs de croissance et par conséquent, la prolifération des cellules vasculaires.

La MEC, par son pouvoir d'adhésion et de communication entre les cellules, exerce un rôle central dans la régulation de la prolifération, la différenciation et la migration cellulaires. Elle participe ainsi à la régulation de l'angiogenèse, d'une part, en séquestrant certains facteurs angiogéniques, et d'autre part, en établissant des interactions spécifiques avec les cellules endothéliales, ce qui module le degré d'attachement de ces cellules à leur lame basale ainsi que leurs propriétés mécaniques et, par suite, leur capacité à migrer ou à changer de forme pour permettre la formation des néovaisseaux [Gonzales *et al.*, 2001].

5.2.5. Physiopathologie de l'angiogenèse

Le processus angiogénique est considéré comme bénéfique lorsqu'il est convenablement régulé et lorsqu'il aboutit à des phénomènes physiologiques comme la cicatrisation des plaies et la régénération tissulaire [Drixler *et al.*, 2000]. L'angiogenèse devient, en revanche, nuisible lorsqu'elle ne subit aucune autolimitation. Elle participe alors au développement ou à l'entretien de certains processus pathologiques tels que les conflits immunologiques, les maladies inflammatoires, l'athérogenèse, certaines maladies dégénératives et surtout les maladies tumorales [Carmeliet, 2003].

5.2.5.1. Régulation de la néoangiogenèse : maturation ou régression des nouveaux vaisseaux ?

Le processus continu de la cicatrisation peut être divisé en trois phases : inflammation, prolifération et maturation. La néovascularisation est un important sous produit des réponses inflammatoires dans le système vasculaire. Les cellules endothéliales jouent un rôle important dans la phase proliférative en contribuant à l'angiogenèse. La formation du tissu granuleux durant le processus de cicatrisation secondaire implique la migration des fibroblastes et la formation de nouveaux vaisseaux afin de réparer le site de la blessure [Van der Bilt et Borel, 2004].

L'établissement d'un réseau vasculaire fonctionnel nécessite la transformation des nouveaux vaisseaux matures en vaisseaux stables et durables (Figure 10). Initialement, les nouveaux vaisseaux sont uniquement constitués de cellules endothéliales. Leur maturation nécessite l'intervention de facteurs stimulant l'angiogenèse pour une durée suffisante, permettant ainsi l'ancrage des cellules endothéliales. Celles ci sont alors recouvertes par les cellules murales, issues du recrutement de péricytes et de CML, et par la MEC [Jain, 2003]. Le flux sanguin est un élément critique dans le maintien et la stabilité des vaisseaux formés. Il stimule l'hyperplasie des cellules endothéliales et des CML et induit la réorganisation des jonctions endothéliales et la déposition de la MEC, contribuant ainsi à la maturation des vaisseaux. Lorsque la quantité des facteurs stimulant l'angiogenèse est insuffisante et celle des inhibiteurs élevée, les cellules endothéliales formant le nouveau vaisseau demeurent nues et fragiles, elles sont en conséquence facilement rompues et sujettes au saignement. Dans ces conditions, le flux sanguin est considérablement réduit, ce qui provoque la régression progressive du vaisseau jusqu'à sa rupture [Carmeliet, 2003]. Considérée comme un mécanisme physiologique, la régression des vaisseaux a lieu surtout lorsque ces derniers sont récemment assemblés et encore immatures.

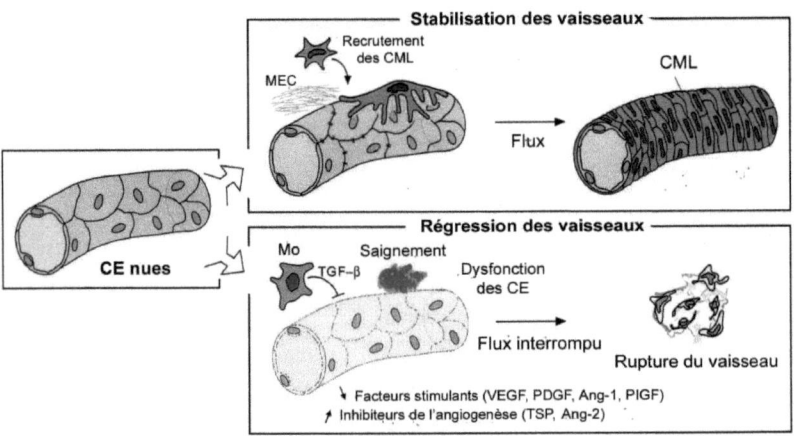

Figure 10: Vers la maturation ou la régression des vaisseaux. CE: cellules endothéliales; Mo: monocytes; PIGF: placental growth factor; Ang: angiopoïétine; TSP: thrombospondine [Carmeliet, 2003].

5.2.5.2. L'angiogenèse tumorale

Il est maintenant bien établi que le développement d'une vascularisation est un évènement clé autant pour la croissance des tumeurs primaires que pour le développement des métastases [Lyden *et al.*, 2001]. Dans les premières phases du développement d'une lésion tumorale, les nutriments nécessaires sont fournis par les vaisseaux du tissu normal. Lorsque les tumeurs atteignent une certaine taille, les besoins nutritifs ne peuvent être assurés que par le recrutement de nouveaux vaisseaux qui viendront irriguer la tumeur et accompagner sa croissance. Ce recrutement de nouveaux vaisseaux est assuré par l'expression d'une série de facteurs de stimulation de la prolifération des cellules endothéliales normales (Figure 11). Ce processus implique également le remaniement du tissu de soutien par activation des cascades protéolytiques qui agiront sur la MEC. Les vaisseaux tumoraux se distinguent des normaux par une morphologie plus tortueuse, un calibre irrégulier (présence de zones dilatées) et une perméabilité accrue.

Il semble que les facteurs de croissance endothéliaux soient spécifiques des tumeurs. Les taux sériques de VEGF et d'EGF sont élevés chez les patients atteints de tumeurs d'origines diverses [Tomanek et Schatteman, 2000]. Le b-FGF est également détecté dans le sérum et les urines des malades cancéreux. La grande quantité produite est favorisée par la présence d'héparinase et de collagénase tumorales, qui libèrent le b-FGF lié aux protéoglycanes de la MEC. Les progrès récents des connaissances scientifiques sur l'angiogenèse tumorale permettent de penser que le traitement fondé sur l'inhibition de la néo-angiogenèse offrirait de nouveaux protocoles pour maîtriser la croissance tumorale chez les patients atteints de cancer. De nombreux facteurs de croissance endothéliaux pourraient bien devenir les nouvelles cibles thérapeutiques *via* des molécules inhibitrices de l'angiogenèse [Cao, 2004].

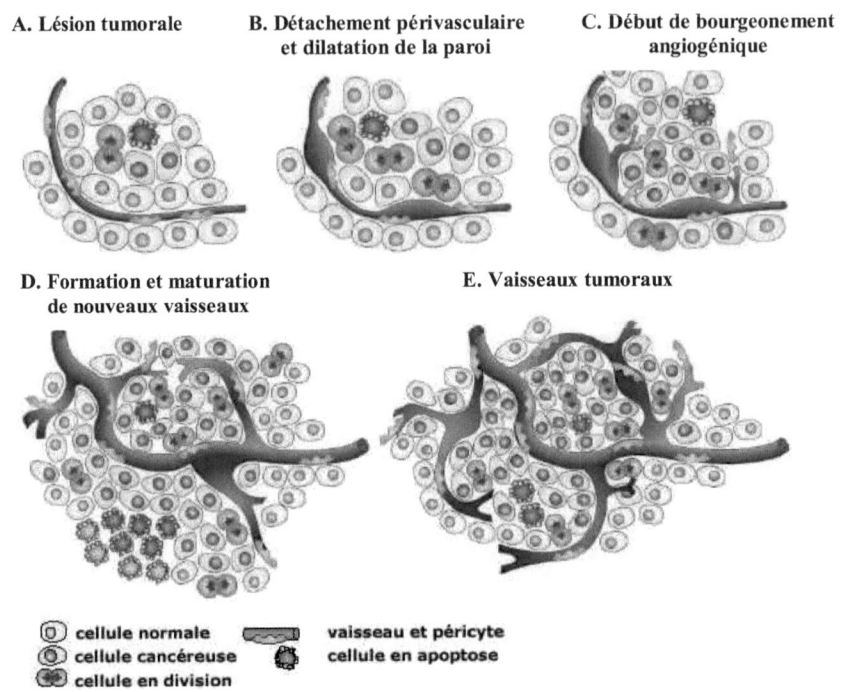

Figure 11 : Recrutement de nouveaux vaisseaux au sein d'une lésion tumorale [Bergers et Benjamin, 2003].

Matériels et Méthodes

1. Matériels

1.1. Réactifs biologiques et biochimiques

Les membranes de nitrocellulose proviennent de chez Schleicher and Schull (Dasel, Allemagne). Le kit d'immuno-empreinte à chemiluminescence est un produit Boehringer (Mannheim, Allemagne). Le bleu de Coomassie R250 est fourni par Fluka (Buchs, Suisse). Les radioisotopes tels que la [^{3}H]-thymidine (5 Ci/mmole), [methyl-^{3}H] choline (86 Ci/mmole), acide [^{3}H]-palmitique (53 Ci/mmole), acide [^{3}H]-oléique (15 Ci/mmole), le cholesteryl [^{14}C]-oleate (40-60 Ci/mmole), le [^{125}I]-bFGF (2958 Ci/mmole) et le [^{125}I]-VEGF (4484 Ci/mmole) proviennent de chez Perkin Elmer Life-Sciences (Courtaboeuf, France). L'héparine (3 kDa) provient de Fluka (Buchs, Suisse) et le PD98059 est un produit Calbiochem (San Diego, CA). Le VEGF est fourni par AbCys (Paris, France).

La taq DNA polymérase et les dNTP sont commercialisés par Promega (Madison, WI, USA). La transcriptase inverse est un produit de Roche Molecular Diagnostics (Meylan, France). L'ensemble des autres produits utilisés provient de Sigma (France).

Le Way-121,898, inhibiteur spécifique de la BSDL [Krause *et al.*, 1998], a été généreusement cédé par le Dr. S. Adelman (Wyeth Research, Collegeville, PA.).

1.2. Echantillons biologiques

1.2.1. Lignées cellulaires
- Les CML (cellules musculaires lisses) de l'homme et de rat ont été obtenues auprès de l'ATCC (CRL 1469).

- Les HUVEC (cellules ombilicales de l'embryon humain) ont été obtenues chez Cambrex (BioScience, Walkersville, MD).

1.2.2. Tissus

Les coupes des carotides athéromateuses humaines et les artères mammaires normales ont été généreusement cédées par le Dr. J. B. Michel et le Dr. O. Meilhac (INSERM, Paris).

1.2.3. Echantillons plasmatiques

Les sérums nous ont été fournis gracieusement par le Professeur D. Raccah (Hôpital de la Timone, Marseille). Ces échantillons de sang ont été prélevés sur des patients sains et des patients souffrant de diabète insulino-dépendant (type I).

1.2.4. Anticorps

L'anticorps polyclonal pAbL64 dirigé contre la lipase sels biliaires dépendante (BSDL) a été obtenu au laboratoire par immunisation de lapin avec de la BSDL purifiée à partir du suc pancréatique humain. Cet anticorps est purifié sur une colonne de protéine A Sépharose 4B.

Les anticorps monoclonaux de souris, le mAbJ28 et le mAb16D10, nous ont été cédés par le Dr. E. Mas (INSERM U559, Marseille).

2. Méthodes

2.1. Biologie cellulaire

2.1.1. Cultures cellulaires

La lignée cellulaire de la musculeuse lisse, appelée CML, est cultivée dans un milieu RPMI-1640 (Life Technologies, Gaithersburg) supplémenté avec 10 % de sérum de veau fœtal (SVF), L-glutamine (1 mM), pénicilline (100 U/ml) et de streptomycine (100 µg/ml).

La lignée cellulaire humaine de l'endothélium vasculaire ombilical (HUVEC) est cultivée dans un milieu EBM-2 (Cambrex, Walkersville, MD) supplémenté de 2 % de SVF. Les HUVEC sont utilisées à un passage compris entre 2 et 7.

Ces lignées cellulaires sont cultivées à 37°C sous atmosphère humide et en présence de 5 % de CO_2. Le milieu de culture est renouvelé toutes les 48 heures. Arrivées à confluence, les cellules sont lavées avec un tampon PBS sans calcium et sans magnésium (PBS incomplet), décollées par une solution de trypsine/EDTA (0,05 %), sédimentées par centrifugation à basse vitesse (400 g pendant 3 minutes) et suspendues dans 5 ml de milieu de culture. Les cellules sont ensemencées à la densité moyenne de 2×10^4 cellules/cm^2.

2.1.2. Immunocytochimie et microscopie

2.1.2.1. Sur coupes d'aortes athéromateuses

Les coupes d'aortes utilisées pour cette étude proviennent de singes (*Macacus fascicularis*) recevant un régime riche en cholestérol. Les segments sont fixés dans une solution de Bouin, puis enrobés de paraffine. Une série de coupes de 5 µm d'épaisseur est préparée à l'aide d'un microtome. Les coupes sont ensuite colorées au bleu trichrome de Masson. L'immunomarquage est réalisé à l'aide d'anticorps monoclonaux, le CD68 spécifique des macrophages (Dako, trappes, France), l'α-actine qui se fixe sur les CML (Sigma, St Louis, MO), les anticorps polyclonaux dirigés contre la Protéine Réactive C (CRP) (Rocklond, Tebus, France) et la fraction du complément C3 (Dako, France), l'anticorps monoclonal spécifique de l'ApoB 4-hydroxynonenal modifié (fournis par le Dr. G. Jürgens), et le pAbL64 dirigé contre de la BSDL. Ces anticorps primaires sont révélés à l'aide du « Kit Immunoperoxidase » (Dako, StrepABComplex/HRP Duet). Chaque détection est accompagnée d'un témoin réalisé dans les mêmes conditions en excluant l'anticorps primaire afin de déterminer les fixations non spécifiques des anticorps secondaires. Les noyaux cellulaires sont visualisés par une coloration à l'hématoxyline.

2.1.2.2. Sur coupes d'artères

Les coupes d'artères utilisées proviennent de rats mâles *Sprague Dawley*. Les rats, dont le poids est compris entre 100 et 200 g, ont reçu un régime alimentaire standard avec un accès libre à la nourriture et à l'eau. Les animaux sont soumis à un jeûne de 16 heures avant d'être anesthésiés avec une solution d'uréthane (0,75 mg/Kg) par injection intrapéritonéale. Une petite incision longitudinale au niveau de l'abdomen est réalisée pour permettre l'exposition de la boucle formée entre le duodénum et le jéjunum. L'intestin est ligaturé aux extrémités de manière à créer une longue chambre intestinale. La cavité abdominale est alors refermée et les rats sont maintenus sous anesthésie. À ce niveau, une solution NaCl (1 ml, 0,5 M) contenant de la BSDL-FITC, dont la concentration est fixée à 100 nM, ce qui correspond à la concentration de l'enzyme au niveau du flux intestinal [Lopez-Candales *et al.*, 1993], du sodium cholate (10 mg/ml) et de l'aprotinine (Trasylol, Bayer, Leverkusen, Allemagne) à 17200 KIU/ml (Kallikrein Inhibitor Units), est injectée dans la boucle.

Une heure après l'injection, les animaux sont sacrifiés et des échantillons d'artères prélevés et fixés dans une solution de Bouin, déhydratés à l'éthanol et enveloppés de paraffine. Des sections de tissus sont déparaffinées et lavées 2 fois dans du tampon PBS (10 mM) contenant du NaCl (150 mM) et à pH 7,4. Afin de détecter les sites antigéniques BSDL-FITC, les sections sont incubées pendant 2 heures en présence d'anticorps anti-immunoglobuline G de lapin couplés à la fluorescéine (15 µg/ml). Elles sont ensuite lavées 2 fois avec du tampon PBS contenant du calcium et du magnésium (PBS complet), puis incubées pendant 1 heure en présence d'anticorps de chèvre anti-IgG de lapin (AP-labelled goat anti-rabbit IgG antibodies). Après 3 lavages avec du tampon PBS complet, la révélation (10 à 15 minutes) est réalisée avec une solution BCIP/NBT (0,5 mM chacun), elle est arrêtée par immersion dans de l'eau distillée. Les témoins sont réalisés dans les mêmes conditions en absence de l'anticorps primaire.

Les coupes de tissus sont montées sur lame dans une solution de montage (tampon PBS contenant le Dabco 10 % et glycérol 10 %). Elles sont observées et photographiées sous le microscope à fluorescence (Leitz DM-RB microscop), en utilisant un objectif d'immersion à l'huile.

2.1.3. Fluoro-marquage cellulaire

Les cellules (CML et HUVEC) sont cultivées sur des lamelles dans des plaques à 8 puits (0,69 cm^2/puits) jusqu'à 80% de confluence. Elles sont alors incubées en absence ou en présence de la BSDL (100 mU/ml) supplémentée avec de la BSDL marquée au « Red-Texas » (BSDL-RT). Dans ces mêmes conditions, les cellules sont également incubées en présence de la BSDL-RT dénaturée thermiquement pendant 30 minutes à 52°C ou du Way-121,898 avec ou sans BSDL-RT. Afin de suivre l'internalisation de la BSDL, des photos sont prises à des intervalles de temps croissants (de 0 à 60 minutes) sous le microscope à fluorescence (AxioCam MARK ZEISS, Visio Master 1451).

2.1.4. Immunofluorescence intracellulaire

Les cellules sont cultivées sur des lamelles dans des plaques à 8 puits (0,69 cm^2/puits) jusqu'à 80% de confluence. Après incubation (30 minutes à 37°C), en absence ou en présence de BSDL, les cellules sont lavées deux fois par du tampon PBS complet et fixées pendant 5 minutes à –20°C par du méthanol permettant aussi une perméabilisation des membranes. Cette incubation est suivie de 3 lavages par du tampon PBS incomplet. Les sites non spécifiques sont saturés par du PBS incomplet contenant 1 % de BSA pendant 20 minutes à température ambiante. Les cellules sont successivement incubées 2 heures en présence d'anticorps primaire, le pAbL64 (20 à 50 µg/ml) et 30 minutes en présence d'anticorps secondaire (IgGs de lapin couplé à la fluorescéine) à 15 µg/ml. Les deux incubations se font à 4°C. Les anticorps sont dilués dans une solution de PBS complétée avec 1% de BSA. Entre chaque étape, les lamelles sont abondamment lavées par une solution de PBS froid. Elles sont ensuite montées sur lames de verre dans une solution de PBS contenant du glycérol 50% et du DABCO 10%. Les cellules sont observées au microscope à fluorescence (AxioCam MARK ZEISS, Visio Master 1451).

2.1.5. Immunofluorescence extracellulaire

Les cellules sont cultivées sur des lamelles dans des plaques à 8 puits (0,69 cm^2/puits) jusqu'à 80% de confluence. Le milieu est alors remplacé par le même milieu de culture contenant 0,3% de sérum de veau fœtal. Après 48 heures d'incubation, les cellules rendues quiescentes sont incubées, dans le milieu de culture sans SVF, en présence ou en absence de BSDL. L'enzyme est supplémentée, ou pas, avec l'anticorps anti-bFGF (*R & D* Systems, MN) à 2 µg/ml.

À la fin du temps d'incubation (1 heure à 37°C), les cellules sont lavées par du tampon PBS et fixées pendant 10 minutes à température ambiante par du PBS contenant 0,5% de paraformaldeyde (PFA). L'excès de PFA est éliminé par lavage avec du PBS. Les sites de fixation non spécifiques sont saturés par du PBS contenant 1% de BSA, pendant 5 minutes à 4°C. Les cellules sont successivement incubées 2 heures en présence d'anticorps primaire, l'anti-b-FGF humain (2 µg/ml) et d'une heure en présence de l'anticorps secondaire (anti-IgG de chèvre conjuguée à la fluorescéine) à 15 µg/ml. Les deux incubations se font à 4°C et à l'abri de la lumière pour la deuxième. Les anticorps sont dilués dans une solution de PBS complétée par 1% de BSA. Entre chaque étape, les lamelles sont abondamment lavées par une solution de PBS froid. Le montage des lamelles se fait de manière identique à la procédure du marquage intracellulaire.

2.1.6. Mesure du taux de prolifération cellulaire

La mesure du taux de prolifération est réalisée sur les deux types cellulaires CML et HUVEC, objets de notre étude. Les cellules sont ensemencées dans des boîtes de 12 puits, chacun ayant une surface de 3,80 cm^2 à une densité de 10^5 cellules/ml de milieu RPMI-1640 (10 % de SVF) pour les CML, et d'EBM-2 (2 % de SVF) pour les HUVEC. Lorsque les cellules atteignent 80% de confluence, le milieu de culture complet est remplacé par du RPMI 1640 contenant 0,5 % de SVF ou du EBM-2 contenant 0,3 % de SVF. Après deux jours d'incubation à 37°C, les cellules ainsi rendues quiescentes sont incubées en absence ou en présence de la BSDL pancréatique à des concentrations croissantes durant une période préalablement optimisée. Après 12 heures d'incubation, la [^{3}H]-thymidine est ajoutée au milieu de culture en quantité suffisante pour avoir environ 0,5 µCi/ml, et l'incubation des cellules est poursuivie 12 heures à 37°C. A la fin du temps d'incubation, les cellules sont lavées 3 fois avec du PBS pour éliminer la [^{3}H]-thymidine non incorporée. Elles sont ensuite décollées à la trypsine/EDTA et centrifugées à 4°C durant 10 minutes à 8000 g. Les culots cellulaires sont repris dans du tampon PBS (500 µl/puits) puis soniqués pendant 15 secondes (4 W, MSE probe sonicator). Des aliquotes sont prélevées pour la quantification des protéines. L'incorporation de la radioactivité est mesurée par scintillation liquide à l'aide d'un compteur β (LKB Wallak 1214 Rack beta).

2.1.7. Migration chimiotactique des cellules

La migration attractive des HUVEC est réalisée dans des inserts de 24 puits (Corning, NY) à membrane polycarbonate, le diamètre des puits est de 6,5 mm et celui des pores de la membrane de 8 µm. Après 48 heures d'incubation à 37°C, les cellules rendues quiescentes sont mises en suspension, et ensemencées, à une densité moyenne de $2x10^5$ cellules pour 100 µl de milieu de culture, sur la chambre supérieure de chaque insert. La chambre inférieure de l'insert contient, quant à elle, 0,6 ml de milieu de culture EBM-2 contenant 0,03 % SVF supplémenté, ou non, avec la BSDL à 100 mU/ml. À la fin du temps d'incubation (3 heures à 37°C), le milieu contenant la BSDL est enlevé et l'incubation est maintenue jusqu'à 24 heures dans un milieu neuf. Ensuite les cellules se trouvant sur la chambre supérieure de la membrane sont enlevées à l'aide d'un coton tige. Chaque insert est alors lavé trois fois avec du tampon PBS incomplet, fixé dans le méthanol pendant 10 minutes à 4°C et coloré avec l'hématoxyline pendant 30 secondes. L'excès de colorant est éliminé par lavages successifs avec du PBS. Les cellules, qui ont migré vers la chambre inférieure de l'insert de la membrane, sont comptées au microscope (x20).

2.1.8. Test de la blessure

Les HUVEC sont cultivées en boîtes de 6 puits jusqu'à la confluence. Une griffure est réalisée à l'aide d'un grattoir stérile, chaque puits est ensuite lavé trois fois avec le milieu de culture, sans SVF, afin d'éliminer les débris cellulaires. Les cellules sont alors incubées dans le milieu de culture contenant 0,3% de SVF et supplémenté de 1 µg/ml de cycloheximide (Sigma) afin d'inhiber la synthèse protéique. Cette incubation est effectuée en absence ou en présence de 100 mU/ml de BSDL. Dans ces mêmes conditions, les cellules sont incubées en présence de la BSDL dénaturée thermiquement (1µg/ml) ou du Way-121,898 (20 µM) avec ou sans BSDL (100 mU/ml). Après une incubation de 3 heures à 37°C, le milieu est aspiré et remplacé par le même milieu contenant 0,3% SVF. Des photos sont prises, sous le microscope à contraste de phase (x20), après 0 et 24 heures.

2.1.9. Détermination de l'angiogenèse *in vitro*

Deux cent cinquante µl de *Matrigel Basement Membrane* (10 mg de protéine/ml) (Becton Dickinson), dilués avec le milieu de culture sans SVF (1:1), sont pipetés dans des puits de 16 mm de diamètre. Après une heure d'incubation à 37°C, le Matrigel solidifié est lavé deux fois avec le milieu sans SVF. Les HUVEC sont alors ensemencées à raison de 4×10^5 cellules par puits contenant 250 µl de milieu de culture complet. Les cellules sont incubées deux heures à 37°C, le temps nécessaire pour qu'elles adhèrent au Matrigel. Elles sont ensuite incubées dans le milieu de culture, contenant 0,3% de SVF, en absence ou en présence d'une concentration de 100 mU/ml de BSDL, pendant trois heures à 37°C. Le contrôle positif est représenté par le milieu de culture contenant 10% de SVF.

L'angiogenèse, caractérisée par la formation de tubes capillaires, est un phénomène très rapide, c'est pourquoi elle est estimée à des temps ne dépassant pas les 24 heures. Au moins trois photos de champs différents sont prises à chaque temps pour chacun des puits, à l'aide d'un microscope à contraste de phase (x10). L'angiogenèse est appréciée en mesurant, sur le document photographique la longueur des tubes entre les intersections cellulaires.

2.1.10. Dosage du b-FGF libéré des CML en culture

Les CML sont cultivées, jusqu'à une confluence de 80%, dans des boîtes de 35 mm de diamètre. Le milieu de culture est alors remplacé par du RPMI contenant 0,5% de SVF. Après 48 heures d'incubation à 37°C, les cellules devenues quiescentes sont incubées en présence de BSDL (100 mU/ml) ou de lysophosphatidyl choline (lysoPC) à 8,8 µg/ml. Des prélèvements du milieu de culture sont effectués à différents temps d'incubation et conservés à –80°C pour utilisation ultérieure. Parallèlement, les cellules traitées sont lavées 3 fois avec du tampon PBS incomplet, décollées à la trypsine/EDTA, centrifugées deux minutes à 2500 rpm et soniquées pendant 10 secondes (4 W, MSE probe sonicator). Les homogénats cellulaires sont conservés à –20°C pour le dosage des protéines. La quantification du b-FGF est réalisée à l'aide d'un kit ELISA Quantikine (*R & D* System, MN).

2.1.11. Dosages du b-FGF et du VEGF libérés de la matrice extracellulaire

Les HUVEC, à un passage compris entre 2 et 4, sont cultivées sur des boîtes de 24 puits à une densité de 10^5 cellules/ml de milieu de culture. Les cellules sont incubées 6 à 8 jours à 37°C, ensuite pendant 2 jours en présence du milieu de culture EBM-2 sans SVF.

À la fin du temps d'incubation, les cellules sont lavées 2 fois avec du tampon PBS incomplet et incubées pendant 5 minutes à température ambiante en présence d'une solution de PBS incomplet contenant 0,5 % de Triton X-100 et 20 mM de NH$_4$OH. Les puits sont ensuite lavés 4 fois par du PBS$^-$ pour enlever les débris cellulaires [Benezra *et al.*, 2002].

Les matrices extracellulaires (MEC) sont incubées, en présence de [^{125}I]-b-FGF ou de [^{125}I]-VEGF à raison de 150 pg (30000 cpm) par puits contenant 300 µl de milieu de culture sans SVF et supplémenté de 0,2 % de gélatine (Sigma), pendant 3 heures à température ambiante. L'activité spécifique s'établit à 1,5x10^4 cpm/ng. L'incubation est suivie de 4 lavages successifs avec le tampon PBS supplémenté de 0,02% de gélatine. Les MEC sont alors incubées, en présence de concentrations croissantes en BSDL à raison de 300 µl/ puits, pendant 3 heures à 37°C. À la fin du temps d'incubation, le surnageant est prélevé et le dosage de la radioactivité est effectué sur un volume de 200 µl. Les MEC, qui demeurent adhérentes au fond des puits, sont lavées 2 fois par du tampon PBS pour être incubées ensuite en présence de 300 µl d'une solution NaOH (1M) pendant 24 heures à 37°C. Le b-FGF et le VEGF, marqués à l'iode 125, sont ainsi quantifiés sur le lysat total des MEC récupérées. La radioactivité libérée dans le surnageant par la BSDL est ensuite rapportée à la somme (100 %) de la radioactivité contenue dans le lysat total des MEC et la radioactivité libérée à partir des MEC par la BSDL. La radioactivité est mesurée à l'aide du compteur β (LKB Wallak 1214 Rack beta).

2.1.12. Marquage et extraction des lipides cellulaires

Cette méthode permet d'estimer le taux des lipides cellulaires : sphingomyéline (SPM), céramides, phospholipides, lysophosphatidyl cholines (lysoPC), diacyglycérol (DAG) et acides gras estérifiés. Les lipides cellulaires sont métaboliquement radiomarqués lorsque les CML sont à 80% de confluence. Les cellules sont d'abord lavées avec du tampon PBS contenant du calcium et du magnésium (1 mM chacun). Elles sont ensuite incubées avec un milieu de marquage composé de milieu RPMI-1640 contenant 0,5% de sérum de veau fœtal pendant 24 heures en présence de [^{3}H]- choline (0,5 µCi/ml). Les cellules sont ensuite lavées deux fois avec un tampon PBS et incubées dans leur milieu de culture additionné de BSDL en absence ou en présence de ces effecteurs radiomarqués. Après un temps d'incubation de 30 minutes à 37°C, les milieux extracellulaires sont récupérés et les cellules sont lavées 3 fois avec du tampon PBS froid, puis décollées classiquement avec de la trypsine. L'extrait cellulaire est soumis à une centrifugation pendant 5 minutes à 300 g à 4°C. Les culots cellulaires sont suspendus dans 0,6 ml d'eau distillée et homogénéisés par sonication pendant 20 secondes (4 W, MSE probe sonicator). Des aliquotes sont ensuite prélevées pour le dosage des protéines. L'extraction des lipides contenus dans le lysat cellulaire (0,5 ml), ou dans le milieu extracellulaire, est effectuée à l'aide d'une précipitation au chloroforme/méthanol. La phase lipidique est évaporée sous azote [Augé et al., 1996, 1998]. La sphingomyéline, marquée à la [^{3}H]-choline, est quantifiée comme décrit [Andrieu et al., 1994]. Les acides oléique et palmitique marqués au [^{3}H] sont séparés par chromatographie sur couches minces [Hui et al., 1993] puis localisés par un radiochromatoscanner (Berthold). Les spots sont individualisés et récupérés par grattage pour le comptage de la radioactivité par scintillation liquide. Le sn1-2-diacylglycérol (DAG) est quantifié par le kit DAG-Kinase (Biotrak Reagent, Amersham).

2.2. Méthodes biochimiques

2.2.1. L'activité enzymatique

La BSDL utilisée dans les expériences a été purifiée à partir du suc pancréatique humain sain. L'activité estérasique de la BSDL sur le 4-nitrophényl hexanoate (4-NPC) est mesurée spectrophotométriquement à 404 nm dans une cellule thermostatée à 30°C, dans un tampon Tris/HCl 0,1 M NaCl 0,15 M pH 7,4, taurocholate de sodium 4 mM. Le substrat est ajouté à une concentration finale de

0,15 mM [Gjellesvik *et al.*, 1992]. Les activités enzymatiques sont mesurées à l'aide d'un spectrophotomètre (Diode Array 8452 A Hewlett Packard). Si nécessaire, l'activité estérasique de la BSDL est inhibée, soit par le diisopropyl fluorophosphate (DFP) [Lombardo, 1982], soit par le Way-121,898 [Krause *et al.*, 1998], soit par dénaturation thermique à 52°C pendant 30 minutes.

2.2.2. Dosage des protéines

Les dosages des protéines sont effectués à l'aide de la trousse Micro BCA (Pierce, Rock Ford, IL). Les protéines en présence de cuivre et d'acide bicinchoninique, à 60°C, développent une coloration bleu dont l'intensité, proportionnelle à la quantité de protéine, est mesurée spectrophotométriquement à une longueur d'onde de 562 nm. La gamme étalon est réalisée en utilisant une solution de BSA à 0,5 mg/ml.

2.2.3. Électrophorèse des protéines sur gel de polyacrylamide en milieu dénaturant (SDS-PAGE)

Les protéines sont séparées selon leur taille, par électrophorèse sur un gel de polyacrylamide à 12,5 %, en présence de dodécyl sulfate de sodium (SDS) à 0,1 % [Laemmeli., 1970]. Les échantillons protéiques à analyser sont solubilisés dans le tampon d'électrophorèse TS/TD (Tris/HCl 200 mM, EDTA 5 mM, sucrose 1 M, bleu de bromophénol 0,01 %, SDS 18 %, DTT 0,05 M, pH 8,8), dénaturés pendant 5 minutes à 95°C et déposés sur le gel. Après la migration (25 V/cm) (Miniprotean II, BioRad), le gel est soit coloré pendant 5 minutes avec du bleu de Coomassie en solution à 0,25 % dans un mélange eau/éthanol/acide acétique (5/5/1 en volume) puis décoloré, soit utilisé pour les immuno-empreintes.

2.2.4. Immuno-empreinte (Western-blot)

Après séparation sur gel de polyacrylamide, les protéines sont transférées électrophorétiquement, à 0,5 mA/cm^2, toute la nuit sur des membranes de nitrocellulose. Les protéines liées aux membranes sont traitées pour être révélées selon des techniques utilisant, soit la phosphatase alcaline, soit la chimiluminescence.

La révélation par la phosphatase alcaline nécessite l'incubation des membranes pendant une heure dans un tampon de saturation (Tampon Tris/HCl 50 mM, BSA 3 %, NaCl 50 mM, pH 8,0). L'immuno-reconnaissance fait intervenir l'anticorps polyclonal spécifique de la BSDL (pAbL64, 1 µg/ml) incubé avec la membrane de nitrocellulose pendant 2 heures à température ambiante sous agitation douce. Les membranes sont ensuite lavées dans le tampon de saturation sans BSA, additionné de Tween 0,05 %, puis incubées 45 minutes en présence d'un deuxième anticorps anti-IgG de lapin couplé à la phosphatase alcaline (PAL). Après lavage, la révélation est effectuée avec le nitroblue tétrazolium (NBT, 0,5 mM), le bromo-4-chloro-3-indoyl phosphate (BCIP, 0,5 mM) dans un tampon Tris/HCl 0,1 M, NaCl 0,1 M, MgCl$_2$ 1 mM, pH 9,5). Les membranes sont alors lavées à l'eau distillée puis séchées à l'air libre [Burnette, 1981].

Pour la révélation par chimiluminescence, les membranes sont incubées 1 heure dans la solution de saturation 1 % (1 volume du réactif du kit dans 9 volumes de tampon Tris/HCl 5 mM; pH 7,5), puis 1 heure en présence d'anticorps primaire, l'anti-ERK1/2 et l'anti-phospho-MAPKinase (Promega, France), l'anti-p38 MAPKinase et l'anti-phospho-MAPKinase (Cell Signaling Technology, Inc). Ces anticorps sont dilués dans le tampon de saturation 0,5 % (1 volume du réactif de saturation du kit dans 19 volumes de tampon Tris/HCl 50 mM; pH 7,5). Après deux lavages de 10 minutes chacun dans du tampon Tris/Tween (tampon Tris/HCl 50 mM; Tween 20 à 0,05 %; pH 7,5) et un lavage dans le tampon de saturation 0,5 %, les membranes sont incubées 30 minutes en présence de l'anticorps secondaire, l'anti-immunoglobuline de lapin, couplé à la péroxydase. À la fin de cette période d'incubation, les membranes sont lavées quatre fois avec le tampon Tris/Tween (15 minutes par lavage). La détection se fait en incubant les membranes, pendant 5 min à température ambiante, en présence du mélange de détection fourni dans le kit (1 volume de la solution B dans 100 volumes de la solution A) puis en réalisant une autofluororadiographie.

2.2.5. Purification des immunoglobulines à partir des sérums

Les échantillons plasmatiques sont constitués de 14 sérums dont 5 appartiennent à des patients sains et 9 à des patients atteints de diabète de type I (diabète insulino-dépendant). Les immunoglobulines (IgGs) ont été purifiées à partir de 1 ml de sérum, sur une colonne de protéine-A Agarose (Sigma). Pour déterminer le taux d'auto-anticorps dirigés contre la BSDL, des tests ELISA (Enzyme Linked Immunosorbent Assay) sont réalisés en saturant les plaques multipuits avec l'enzyme [Panicot et al., 1999b]. Les sites non spécifiques sont ensuite saturés par une solution PBS/Tween comprenant 3% de BSA. Les protéines fixées au fond des puits sont ensuite mises en contact avec différents sérums dilués au 1/50 dans du tampon PBS/Tween, et incubées pendant 2 heures à 37°C. Après cette incubation, la plaque est lavée puis incubée (2 heures à 37°C) en présence d'immunoglobulines anti-IgG humaines couplées à la phosphatase alcaline. Un contrôle interne est réalisé avec l'anticorps anti-BSDL humaine (pAbL64). Une concentration d'anticorps de 10^{-3} mg/ml présente une absorption correspondant arbitrairement à 100 U. L'absorbance de tous les sérums est donc normalisée par rapport à cette valeur afin d'apprécier la réactivité des sérums en unités arbitraires. La quantité d'IgGs, présente dans chaque sérum, correspond au rapport de la quantité d'auto-anticorps dirigés contre la BSDL rapportée à la quantité totale en IgGs déterminée par le dosage des protéines.

L'effet de ces anticorps sériques, sur l'incorporation de la [^{3}H]-thymidine et la réparation de la blessure, a été établi sur 100 µg d'IgGs totales, pour chaque sérum, en absence ou en présence de BSDL (100 mU/ml).

2.3. Biologie moléculaire

2.3.1. Extraction des ARN totaux

Les ARN des CML sont extraits au TRIZOL. Pour cela, au moins trois boîtes de cellules (100 mm de diamètre), à 80 % de confluence, sont nécessaires. Les cellules sont lavées trois fois avec du tampon PBS incomplet, puis mises en contact avec une solution de TRIZOL pendant 5 minutes à température ambiante. Après transfert dans un tube Eppendorf, un volume de 200 µl de chloroforme est ajouté. Après agitation douce (15 secondes) et centrifugation (15 minutes à 10000 g à 4°C), la phase aqueuse est récupérée. Suite à l'ajout de 250 µl d'isopropanol (2 heures à –20°C), un culot d'ARN (totaux) est récupéré par centrifugation (30 minutes à 4°C à 10000 g), lavé par de l'éthanol à 70 %, séché puis repris dans l'eau distillée. Les ARN totaux sont conservés à –80°C.

2.3.2. Séparation des ARN sur gel et transfert sur membrane de nylon (Northern-blot)

Après détermination de la concentration des ARN totaux par spectrophotométrie à 260 nm, vingt microgrammes d'ARN sont dénaturés 1 heure à 50°C en présence de tampon phosphate 0,2 M pH 7, de glyoxal (14 %), et de diméthyl sulfoxyde (DMSO 50 %). Les échantillons sont chargés sur gel d'agarose à 1 % contenant 5 % de tampon phosphate durant 4 heures. La visualisation du gel sous rayons ultra-violets permet de s'assurer que les ARN ribosomiaux, 28 S (5 kb) et 18 S (2 kb), ne sont pas dégradés. Le transfert des ARN sur la membrane de nitrocellulose est réalisé selon la méthode Southern *et al.* [1975], par capillarité passive dans du tampon SSC 20X (citrate tri-sodique 0,3 M, NaCl 3 M pH 7), 12 heures à température ambiante. Les ARN sont fixés sur la membrane par chauffage une heure à 80°C. La membrane est conservée dans du papier d'aluminium à 4°C jusqu'à son utilisation.

2.3.3. Marquage des sondes

Les sondes ADNc BSDL et β–actine sont radiomarquées par un marquage aléatoire (Random priming). Pour cela, les sondes dénaturées sont mises en présence de dATP, dGTP, dTTP (20 µM chacun) et de [α^{32}P]-dCTP (50 µCi) (NEN, Les Ulis, France), de mélange d'amorces aléatoires et du fragment de Kleenow de la DNA polymérase I pendant 3 heures à 25°C. La réaction est arrêtée par ajout d'une solution d'EDTA (1 M).

2.3.4. Pré-hybridation et hybridation

La membrane est pré-hybridée durant 4 heures à 42°C sous agitation douce avec 10 ml de tampon de pré-hybridation contenant de la formamide désionisée (50 %), du Denhart 5X, du tampon SSPE 5X (NaCl 3,6 M, Na_2 HPO_4 0,2 M, EDTA 20 µM, pH 7,4) et de l'ADN de sperme de hareng dénaturé 5 minutes à 94°C. L'hybridation est réalisée durant 36 heures à 42°C sous agitation douce dans le même tampon supplémenté avec la sonde radiomarquée. Les membranes sont lavées 2 fois avec du tampon SSC 1X et SDS à 0,1 % à 50°C. Un autoradiogramme sur hyperfilm (X-Omat M.R., Kodak) est réalisé, la quantité d'ARNm est alors estimée par analyse densitométrique (NIH-Image software). L'hybridation de la β–actine avec une sonde spécifique de 800 pb est utilisée comme contrôle selon le même protocole.

2.3.5. Hybridation *in situ*

Cette technique a pour objectif de détecter au niveau des CML, la présence des ARNm codant pour la BSDL. L'hybridation *in situ* utilise des sondes d'acides nucléiques qui mettent en évidence et localisent, dans des coupes histologiques, des séquences d'acides nucléiques complémentaires de la sonde utilisée.

2.3.5.1. Transcription inverse

La transcription inverse est une réaction enzymatique qui permet la rétrotranscription des ARN messagers en ADN complémentaires. L'hybridation spécifique d'un nucléotide poly dT (18 bases), au niveau de la queue poly A des ARN messagers, sert d'amorce pour la synthèse d'un brin d'ADN complémentaire de 5' en 3' par l'enzyme transcriptase inverse (AMV reverse transcriptase). La réaction est réalisée à partir de 5 µg d'ARN totaux pendant 45 minutes à 55°C (trousse de transcription inverse, Sigma).

À partir du cDNA de la BSDL, est choisie une zone sur la partie N-terminale comprise entre les amorces VS 5 et VS 2 [Sbarra *et al.*, 1998]. Partant de VS 5 (zone 5') une séquence de 300 pb est délimitée, à ce niveau des amorces sens et antisens sont synthétisées, à ces amorces est ajouté le promoteur T7 utile pour la transcription.

Amorce VS 5 : 5'- CCCCTTGGGTTCCTCAGCACTGGGGAC -3'
Amorce T7   : 5'- TAATACGACTCACTATAGGGGG -3'
Amorce T7 + VS 5 :
5'TAATACGACTCACTATAGGGGGCCCCTTGGGTTCCTCAGCACTGGGGA3'

Amorce interne au fragment VS 5 - VS 2 :
Sens   5'- GCCAGGATGGCCCAGTGTCTGAAGGTT –3'
Complémentaire   5'- CGGTCCTACCGGGTCACAGACTTCCAA –3'
Reverse   5'- AACCTTCAGACACTGGGCCATCCTGGC –3'

Amorce associée à l'extrémité 3' de T7 :
5'TAATACGACTCACTATAGGGGGAACCTTCAGACACTGGGCCATCCTGG3'

2.3.5.2. Réaction de polymérisation en chaîne

La réaction de polymérisation en chaîne (PCR) est une technique enzymatique cyclique qui permet l'amplification spécifique et exponentielle d'un fragment d'ADN. Chaque cycle est constitué de trois étapes : dénaturation de la matrice, hybridation de deux oligonucléotides de synthèse (Genset) complémentaires du brin d'ADN que l'on désire amplifier, puis élongation d'un nouveau brin d'ADN grâce à une ADN polymérase thermostable : la Taq polymérase.

Utilisant ces sondes et une construction plasmidique contenant l'ADNc de la BSDL, un fragment d'ADNc inclus entre ces deux sondes est amplifié par PCR classique. Cette technique d'amplification est effectuée dans un volume final de 50 µl comprenant 0,5 µg de plasmide matriciel pCDM7-BSDL, 5 µl de tampon de PCR 10X (Tris HCl 10 mM, KCl 50 mM, Mg Cl$_2$ 1,5 mM, pH 9), 0,35 mM de chaque dNTP, 50 pmol de chaque amorce et 5 unités de Taq polymérase (Promega). Le programme appliqué est le suivant : une étape de 2 minutes à 94°C, vingt cinq cycles : dénaturation (30 secondes à 94°C) ; hybridation (30 secondes à 56°C) ; élongation (1 minute à 68°C), et un cycle de 7 minutes à 68°C, tous effectués sur thermocycleur GeneAmp PCR System 2400 (Perkin Elmer). La bande correspondant à une taille de 300 pb est purifiée sur un gel d'agarose à 1 % à l'aide de la trousse Geneclean (Bio 101).

2.3.5.3. Transcription et marquage à la digoxygénine

Cette étape permet de remplacer les bases thymidines (T) par des uridines (U) et ainsi d'inclure le marquage à la digoxygénine (molécule greffée sur U). À partir d'une solution à 100 mM, un mélange rNTP, contenant 10 µl ATP, 10 µl GTP, 10 µl CTP, 6,5 µl UTP, est préparé en complétant jusqu'à 100 µl avec de l'eau DEPC. Pour un volume final de 20 µl, un mélange est réalisé avec 2 µl de rNTP, 2 µl de DTT, 4 µl de Tp 5X, 2 µl de digoxygénine11-UTP, 1 µl de RNAseout, 200 ng de sonde et de l'eau DEPC (11 µl). À cette préparation est ajoutée l'enzyme T7 RNA polymérase (1,5 µl) suivie d'une incubation pendant 90 minutes à 37°C. Le matériel ainsi marqué est extrait par précipitation, puis repris par 2 µl EDTA, 78 µl d'eau DEPC, 10 µl de chlorure de lithium (4 M) et de 300 µl d'éthanol absolu. Le milieu est laissé durant 15 minutes à –80°C puis centrifugé 30 minutes à 13000 g à 4°C. Après élimination du surnageant, le culot est séché à température ambiante pour être ensuite repris dans 12 µl d'eau distillée et porté à 65°C durant 10 min, puis placé dans la glace.

Il apparaît que durant le marquage, le taux de digoxygénine n'est que rarement identique entre les sondes sens et antisens. Pour l'hybridation *in situ*, il est important de disposer de quantité identique de digoxygénine liée. Une quantification par « dot » des deux sondes obtenues comparativement à une gamme de matériel témoin de 0; 30; 100; 300; 1000 et 3000 pg, permet la mesure des pentes relatives afin d'estimer la sonde la plus marquée. Ce coefficient sera alors appliqué aux masses pondérales des sondes afin d'obtenir des réponses colorimétriques équilibrées.

2.3.5.4. Traitement des lames

Les tissus, conservés à –80°C, sont placés dans l'enceinte de l'ultra-microtome de manière à ce que la température revienne graduellement à -20°C. Ils sont alors fixés sur un support par un enrobage avec de la paraffine. Les coupes sont faites manuellement avec une épaisseur de 10 µm. Le positionnement est effectué sur lames de verre équilibrées à -20°C. Les lames sont aussitôt disposées sur un banc chauffant à environ 60°C avant d'être stockées à -80°C jusqu'à utilisation.

Les lames conservées à -80°C sont équilibrées à température ambiante pendant 1 heure. Elles sont ensuite réhydratées avec du tampon PBS dans un bac de verre vertical pendant 10 minutes, puis conditionnées dans du tampon RIPA deux fois pendant 15 minutes, et transférées dans un autre bac vertical contenant ce même tampon supplémenté avec 4 % de paraformaldéhyde durant 15 minutes. Elles sont ensuite rapidement lavées deux fois par du tampon PBS pour éliminer l'excès de paraformaldéhyde, ceci est suivi d'un lavage sous agitation dans un bac de verre par du tampon PBS (trois fois pendant 5 minutes). Les lames sont transférées dans un bac contenant un tampon constitué de triéthanolamine 100 mM dans de l'eau distillée à pH 8,0. Au dernier moment de l'anhydride acétique est ajouté de façon à atteindre un pourcentage final de 0,25 %, puis le milieu est agité pendant 15 minutes.

2.3.5.5. Lecture des lames

Après élimination du paraformaldehyde, les lames sont incubées durant 30 minutes dans un tampon (pH 7,5) contenant 100 mM d'acide maléique, 150 mM NaCl et 0,05 % Tween 20, puis 30 minutes supplémentaires dans ce même tampon supplémenté avec 10 % de sérum de chèvre et de l'anticorps de chèvre anti-digoxygénine couplé à la phosphatase alcaline (dilution au 1/500). Après rinçage, les lames sont ensuite préincubées dans le tampon (pH 9,5) Tris-HCl (0,1 M), NaCl (0,1 M), $MgCl_2$ (50 mM) et Tween 20 (0,05 %). La réaction colorimétrique est ensuite effectuée par incubation dans ce dernier tampon avec du NBT (4,5 µl/ml) et du BCIP (3,5 µl/ml) durant 3 heures à l'abri de la lumière. L'évolution de l'intensité de la coloration est suivie au microscope afin de déterminer le moment optimum de l'arrêt de la l'incubation. Après lavage, les lames sont fixées dans une solution de Moviol avant d'être observées sous microscope puis photographiées.

Résultats

1. Implication de la BSDL dans la prolifération des cellules musculaires lisses (CML)

1.1. Mise en évidence de la localisation de la BSDL au niveau de l'aorte athéromatheuse

Afin de localiser la BSDL au niveau de l'endothélium vasculaire, nous avons procédé à des expériences d'immunohistochimie réalisées sur des coupes d'artères provenant de singes hypercholestérolémiques. Aucune anomalie n'a été observée suite à l'examen macroscopique de coupes d'aortes effectuées dans les zones saines (Figure 12). Cependant, le traitement avec le bleu trichrome de Masson (Figure 12.A) révèle un épaississement de l'intima, représenté par des surfaces fibreuses avec une prolifération distinctive des CML, en revanche, la média paraît normale. Le marquage des CML de la média et des CML proliférantes de l'intima avec l'anticorps anti-α-actine (Figure 12.B) est superposable à celui obtenu avec l'anticorps dirigé contre la BSDL (pAbL64) (Figure 12.C). Par ailleurs, le marquage avec l'anti-CD68, spécifique des macrophages, est négatif (Figure 12.D).

Au niveau des segments athéromatheux, le bleu trichrome de Masson (Figure 12.E) détecte, sous les cellules spumeuses, une aire fibreuse indiquant la sécrétion des CML. L'intima manifeste des lésions classiques d'épaississement spumeux qui sont positives à l'anti-α-actine (Figure 12.F), au pAbL64 (Figure 12.G) et à l'anti-CD68 (Figure 12.H).

Les CML de la média et celles qui ont migré vers l'intima réagissent à l'anti-α-actine (Figure 12.F) et au pAbL64 (Figure 12.G). Les CML de l'intima semblent plus sensibles au pAbL64 que les CML contractiles de la média. À noter également que le marquage avec l'anti-CD68 n'est pas superposable à celui obtenu avec le pAbL64 (Figure 12.H-G).

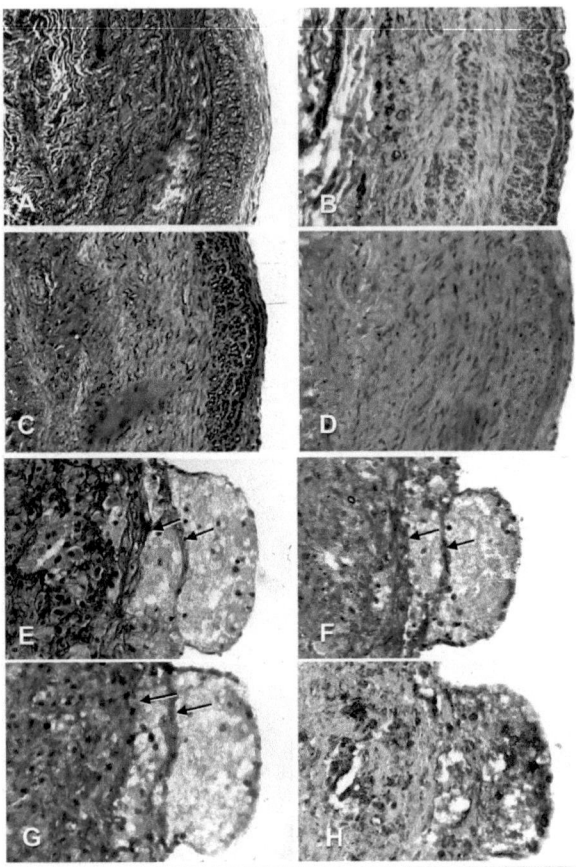

Figure 12: Etude microscopique des lésions athérosclérotiques au niveau de l'aorte. Des singes mâles (cynomolgus) sont sacrifiés après 12 mois de régime hypercholestérolémique, l'aorte thoracique est ensuite prélevée pour le traitement immunohistochimique. **A** à **D** représentent des coupes d'aorte normale [Grossissement x 25], coloration au bleu trichrome de Masson (**A**), immnodétection avec l'anti-α-actine (**B**), le pAbL64 (**C**), et l'anti-CD68 (**D**). **E** à **H** représentent des coupes d'aorte thoracique athéromateuse [Grossissement x 40], coloration au bleu trichrome de Masson (**E**), immnodétection avec l'anti-α-actine (**F**), le pAbL64 (**G**), et l'anti-CD68 (**H**). Les flèches indiquent la colocalisation de l'anti-CD68 et du pAbL64 au niveau des surfaces fibreuses.

L'expression de la BSDL par les lésions athéromateuses est identique chez l'homme (Figure 13.I). La réactivité avec le pAbL64 (40 µg/ml) est annulée par la BSDL ajoutée dans le milieu (250 µg/ml) (Figure 13.J) démontrant ainsi la spécificité de la réaction. La détection immunohistochimique du 4-hydroxynonenal (Figure 13.K) indique la présence des LDL oxydées au niveau des lésions [Jurgens *et al.*, 1993] où la BSDL est présente. À noter que les protéines plasmatiques, comme la CRP (ou la fraction C3 du complément), n'ont pas été détectées. Ce résultat indique que la BSDL suivrait le trajet des LDL jusque vers l'intima, et que la rupture de la barrière endothéliale n'est pas responsable de la localisation de la BSDL dans la plaque d'athérome.

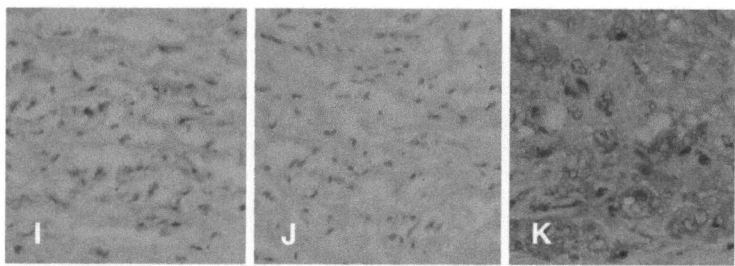

Figure 13: Etude microscopique des coupes athéromateuses de l'artère carotidienne humaine [Grossissement x 40]. L'immnodétection est réalisée en présence du pAbL64 (**I**), pAbL64 + BSDL (**J**), et d'anti-4-hydroxynonenal (**K**).

Il semble donc que la BSDL soit localisée au niveau de la plaque d'athérome où elle est associée aux LDL oxydées.

1.2. Expression de la BSDL pancréatique par les CML

L'objectif suivant a donc été de déterminer l'éventuelle expression de la BSDL par les CML humaines. Dans ce but, nous avons utilisé différentes approches (activité enzymatique, immunodétection, recherche d'ARNm et hybridation *in situ*).

L'activité estérolytique du lysat cellulaire des CML humaines sur le 4-NPC est faible et ne varie pas en absence (31 ± 0,2 mU/mg de protéines cellulaires) ou en présence de taurocholate de sodium (28 ± 0,3 mU/mg de protéines cellulaires). L'activité cholestérol estérase du lysat des CML est faible (100 pmoles/h/mg de protéines cellulaires), de plus cette activité est inhibée par le taurocholate de sodium, et ne peut donc être attribuée à la BSDL car le taurocholate de sodium est un activateur de cette enzyme [Lombardo et al., 1980]. À noter également qu'aucune activité enzymatique, sur ces substrats, n'a été détectée dans le milieu de culture des CML humaines.

Les immunoblots ont été analysés après séparation des protéines contenues dans le lysat des CML. Le lysat du pancréas humain est réactif à l'anticorps pAbL64 (Figure 14). Cet anticorps y reconnaît une protéine de 100 kDa, correspondant effectivement à la masse de la BSDL [Lombardo et al., 1978]. En revanche, le lysat des CML ne réagit pas.

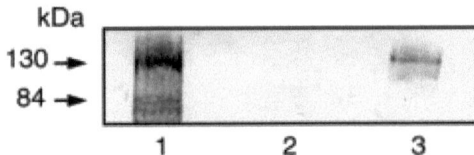

Figure 14: Immunodétection de la BSDL dans les CML humaines. Les CML humaines sont cultivées jusqu'à la confluence, décollées puis lysées. Les protéines sont séparées par SDS-PAGE et électrotransférées sur la membrane de nitrocellulose. Le lysat du pancréas humain et la BSDL pancréatique humaine sont analysés sur le même gel. La membrane est traitée avec l'anticorps anti-BSDL (pAbL64). Colonne 1: lysat du pancréas humain (2 µg de protéines cellulaires); colonne 2: lysat des CML humaines (2 µg de protéines cellulaires); colonne 3: BSDL pancréatique humaine purifiée (100 ng).

L'analyse par northern blot (Figure 15) montre que, dans le pancréas, la sonde nucléotidique spécifique de la BSDL s'hybride avec un ARNm de 2,2 kb, ce qui correspond au transcript codant pour l'enzyme humaine [Roudani *et al.*, 1995]. Aucune trace de cet ARNm n'a pu être détectée dans les CML d'origine humaine, par contre, le pancréas et les CML humains réagissent avec la sonde spécifique de la β–actine (Figure 15).

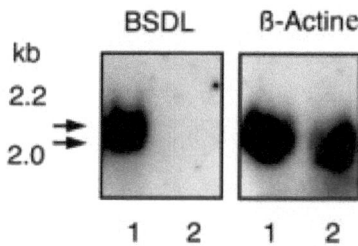

Figure 15: Analyse par Northern blot de la BSDL à partir des CML humaines. Les ARN isolés à partir du tissu pancréatique humain et des CML humaines sont séparés sur gel d'agarose (1 %) et transférés sur membrane de nitrocellulose. La membrane est mise en contact avec l'oligonucléotide radiomarqué spécifique de la BSDL et de l'ARNm de la β-actine. Piste 1: ARN du pancréas humain; piste 2: ARN des CML humaines.

La RT-PCR réalisée avec des amorces spécifiques de la BSDL [Vérine *et al.*, 1999; Sbarra *et al.*, 1998; Roudani *et al.*, 1995], n'a pas permis d'obtenir de transcript.

La recherche d'ARNm, codant pour la BSDL au niveau de la paroi vasculaire athéromatheuse, a été réalisée grâce à la technique d'hybridation *in situ*. Comme le démontre la Figure 16, la sonde antisens de l'ARN s'hybride avec un ARNm présent dans les cellules acineuses du pancréas humain mais pas avec les îlots de Langerhans de cet organe (Figure 16-B, IL). Cependant cette sonde ne s'hybride pas avec les cellules endothéliales ou les CML provenant des coupes coronaires athéromatheuses humaines (Figure 16-D). Aucun marquage non spécifique de ces tissus n'a été observé suite à l'utilisation des sondes sens (Figure 16-A et C).

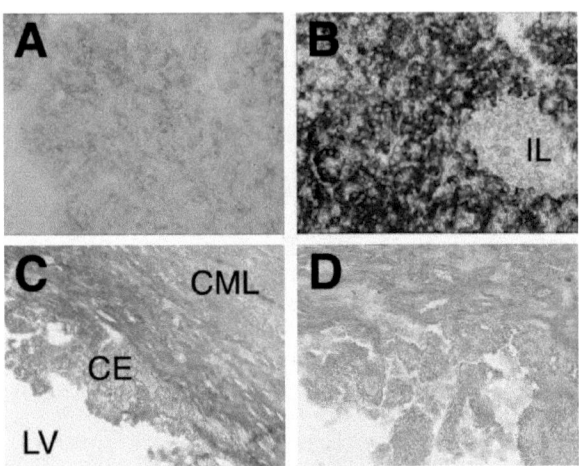

Figure 16: Hybridation *in situ*. Les coupes de pancréas humain (**A** et **B**) et des artères athéromateuses de la carotide (**C** et **D**) sont traitées avec l'ADNc de la BSDL sens, couplée à la digoxigenine (**A** et **C**), et antisens (**B** et **D**). La réaction est révélée grâce aux anticorps anti-digoxigenine couplés à la phosphatase alcaline [Jurgens *et al.*, 1993]. LV: lumière vasculaire; CE: cellules endothéliales; IL: îlot de Langerhans [Grossissement x 40].

Ces différents éléments expérimentaux suggèrent que la BSDL n'est pas exprimée par les CML. Il est donc probable que la BSDL, présente dans la plaque athéromateuse, soit d'origine sérique

1.3. Effet de la BSDL sur la prolifération des CML

Les CML de rats ont été incubées avec des concentrations croissantes de BSDL (activité spécifique de 100 unités/mg) pendant des temps d'incubation variables. L'incorporation de la [^{3}H]-thymidine a été déterminée par la suite. Cette incorporation augmente avec le temps et les concentrations de BSDL comprises entre 50 et 100 mU/ml (Figure 17A, B), le pourcentage de prolifération est maximal à 100 mU/ml de BSDL. Cette concentration correspond à la concentration sérique de la BSDL [Caillol *et al.*, 1997].

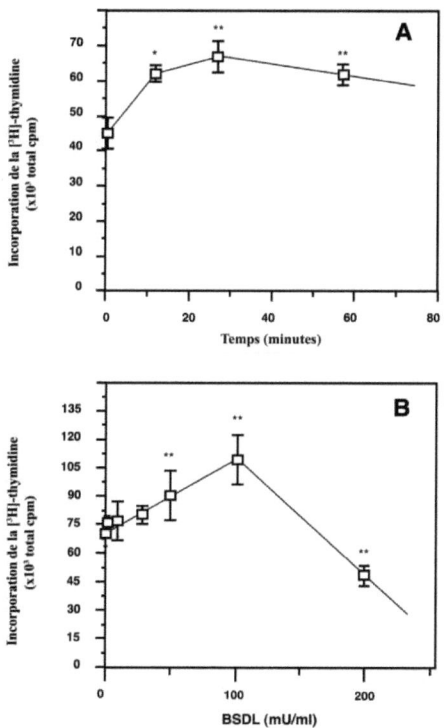

Figure 17: Effet mitogène de la BSDL sur les CML de rat. Les CML de rat rendues quiescentes sont incubées en présence de BSDL (100 mU/ml) pour les temps d'incubation indiqués (**A**). Les CML de rat sont incubées pendant 15 minutes, en présence de concentrations croissantes de BSDL (**B**). Pour **A** et **B**, l'enzyme est ensuite retirée du milieu et l'incubation est reconduite pour 24 heures. La [^{3}H]-thymidine est ajoutée durant les dernières 12 heures d'incubation et son incorporation dans l'ADN des CML est déterminée. Les résultats sont représentés en moyenne ± déviation standard, correspondant à 3 expériences séparées (*$p<0,05$, **$p<0,01$).

La prolifération a été également mesurée en présence d'héparine, inhibiteur de la fixation de la BSDL sur les membranes plasmiques [Lombardo, 2001]. L'effet prolifératif de la BSDL est inhibé en présence de l'héparine (0,5 mg/ml) ou du pAbL64 (10 µg/ml) (Figure 18). Pour vérifier si l'activité enzymatique de la BSDL est impliquée ou non dans l'augmentation de la synthèse de l'ADN des CML en culture, l'enzyme a été dénaturée thermiquement (52°C pendant 30 minutes) ou inhibée par le DFP (diéthylfluoro-phosphate) puis dialysée [Lombardo, 1982]. L'enzyme est ensuite ajoutée (à 1µg/ml) au milieu de culture. Le résultat obtenu montre que ni la BSDL dénaturée ni celle traitée avec le DFP n'ont été capables d'induire la synthèse de l'ADN des CML (Figure 18).

Ces résultats semblent indiquer que la BSDL, à des concentrations équivalentes à celles retrouvées dans la circulation sanguine, est susceptible d'induire la prolifération des CML, et que seule la BSDL active peut avoir cet effet.

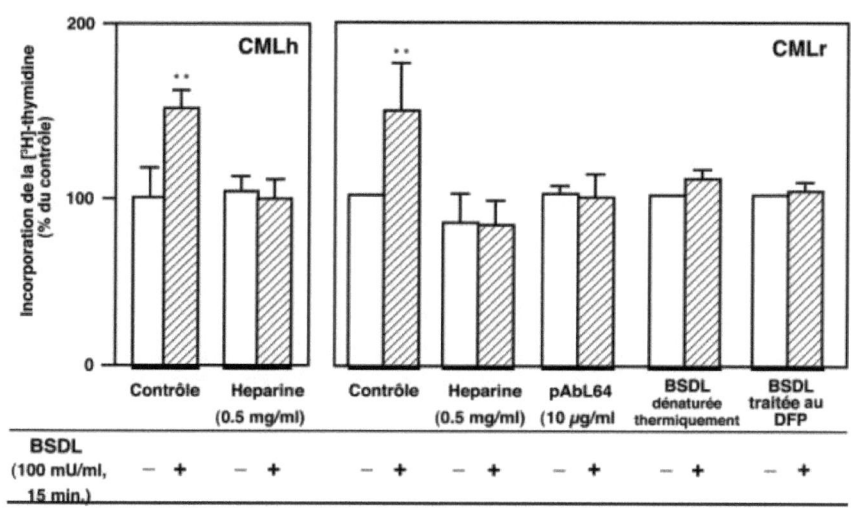

Figure 18: Rôle de l'activité enzymatique de la BSDL dans la prolifération des CML. Les CML humaines (CMLh) rendues quiescentes sont incubées en absence ou en présence de BSDL (100 mU/ml) ou d'héparine (0,5 mg/ml). Les CML de rat (CMLr) rendues quiescentes sont incubées en absence ou en présence de BSDL (100 mU/ml), d'héparine (0,5 mg/ml), de pAbL64 (10 µg/ml), de BSDL dénaturée thermiquement (1 µg/ml), ou de BSDL traitée au DFP. L'incorporation de la [^{3}H]-thymidine est représentée en % par rapport au contrôle. Les résultats sont représentés en moyenne ± déviation standard, correspondant à 3 expériences séparées (**p<0,01).

1.4. Formation de seconds messagers lipidiques

Afin d'établir la relation entre l'activité enzymatique de la BSDL et son effet sur la prolifération des CML, les lipides cellulaires ont été marqués avec des précurseurs radioactifs. Les résultats indiquent que la dose mitogène de la BSDL n'induit pas l'hydrolyse de la sphingomyéline cellulaire en céramide. Cependant, il a été observé une augmentation du contenu cellulaire des CML de rat en diacylglycérol (DAG) après traitement avec la BSDL. Cette augmentation est inhibée par une coincubation des CML de rat avec la BSDL en présence d'héparine (Tableau 2A). La production de DAG est également observée chez les CML humaines suite à leur incubation avec la dose mitogène de BSDL. La BSDL, à 100 mU/ml, diminue la quantité de phospholipides contenus dans les CML humaines, elle augmente la quantité d'acide oléique et diminue celle des lysoPC dans le milieu de culture (Tableau 2B).

A. CML de rat		B. CML humaines	
Seconds messagers lipidiques (% du control)			
❖ BSDL (100 mU/ml, 15 minutes)		❖ BSDL (100 mU/ml, 30 minutes)	
Sphingomyéline	103 ± 9	*Diacylglycérol*	115 ± 4 **
Céramide	104 ± 2	*Phospholipides*	90 ± 2 **
Diacylglycérol	130 ± 14*	*Acide oléique*	148 ± 10 ***
		Lysophosphatidyl choline	85 ± 2 ***
❖ BSDL + Héparine (0,5 mg/ml)			
Diacylglycérol	108 ± 4		

Tableau 2 : Effet de la BSDL sur la production des seconds messagers lipidiques. Les CML (de rat ou humaines) sont métaboliquement radiomarquées, pendant 24 heures, en absence (contrôle) ou en présence de BSDL (100 mU/ml). Après précipitation au chloroforme/méthanol, les lipides contenus dans le lysat cellulaire, ou dans le milieu extracellulaire, sont extraits, séparés, puis quantifiés. Les résultats sont exprimés en moyenne ± déviation standard, correspondant à 3 expériences séparées (*$p<0{,}05$, **$p<0{,}01$, ***$p<0{,}001$).

Dans ces mêmes conditions, la BSDL semble être internalisée par les CML (Figure 19). L'enzyme est détectée au niveau des structures cytoplasmiques et au niveau de la surface périnucléaire.

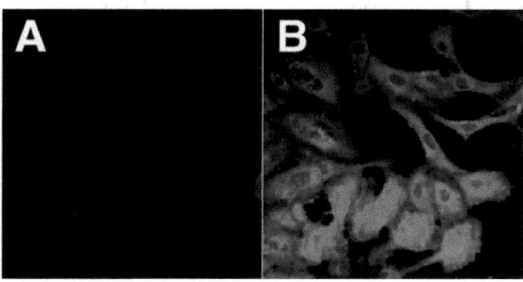

Figure 19: Captation de la BSDL par les CML humaines. Les CML sont incubées (30 minutes à 37°C) en absence (**A**) ou en présence (**B**) de BSDL (100 mU/ml). À la fin du temps d'incubation, les cellules sont lavées et perméabilisées par le méthanol (5 minutes à –20°C), puis la BSDL est immunodétectée en utilisant le pAbL64 (anticorps primaire) et l'anti-IgG FITC (anticorps secondaire) [Grossissement x 40].

L'internalisation de la BSDL par les CML semble modifier le métabolisme lipidique de ces cellules par la génération de seconds messagers lipidiques qui, in fine, pourraient participer à la prolifération des CML.

1.5. Libération du b-FGF et activation de la voie des MAPKinases

La libération du b-FGF et l'activation en cascade de la voie des MAP Kinases font partie des évènements clés qui orchestrent la prolifération cellulaire. Dans le contexte de notre étude, nous avons soupçonné que l'effet mitogénique de la BSDL pourrait être en partie lié à ces évènements. À cet effet, le b-FGF a été dosé dans le surnageant des CML traitées avec la BSDL (ou le lysoPC) à des temps d'incubation croissants. Le résultat obtenu indique que la BSDL (tout comme le lysoPC) induit une rapide libération du b-FGF après un temps d'incubation très court (inférieur à 10 minutes), suivi par un retour progressif au niveau basal (Figure 20).

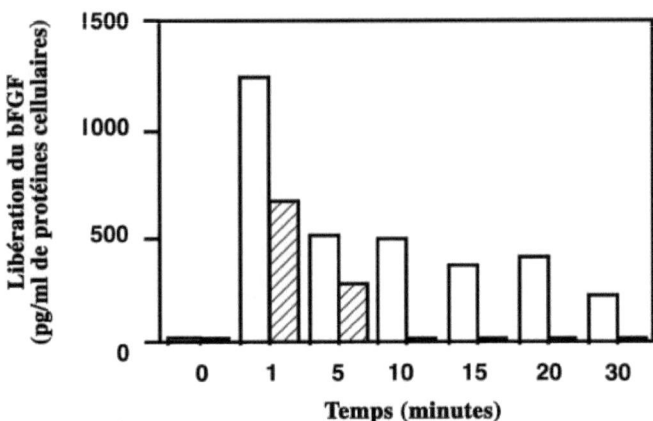

Figure 20: Quantification du b-FGF. Les CML humaines rendues quiescentes sont traitées avec le lysoPC (15 µmole/l, colonne blanche) ou la BSDL (100 mU/ml, colonne hachurée) durant les temps d'incubation indiqués, le bFGF est ensuite dosé sur le surnageant cellulaire.

Les constituants des lysats des CML humaines, traités avec la BSDL (à 100 mU/ml) pendant des temps d'incubation croissants, ont été séparés sur gel de polyacrylamide puis électrotransférés sur membrane de nitrocellulose. L'immunodétection est réalisée par chimiluminescence en présence d'anticorps anti-MAPK et anti-ERK1/ERK2. La BSDL provoque une nette phosphorylation de la voie des ERK1/ERK2 des MAPK après 10 à 15 minutes de temps d'incubation, et régresse progressivement jusqu'à atteindre leur niveau basal (Figure 21-A). En présence d'héparine, la phosphorylation des MAP Kinases par la BSDL est nettement diminuée tandis que leur expression reste constante (Figure 21-B).

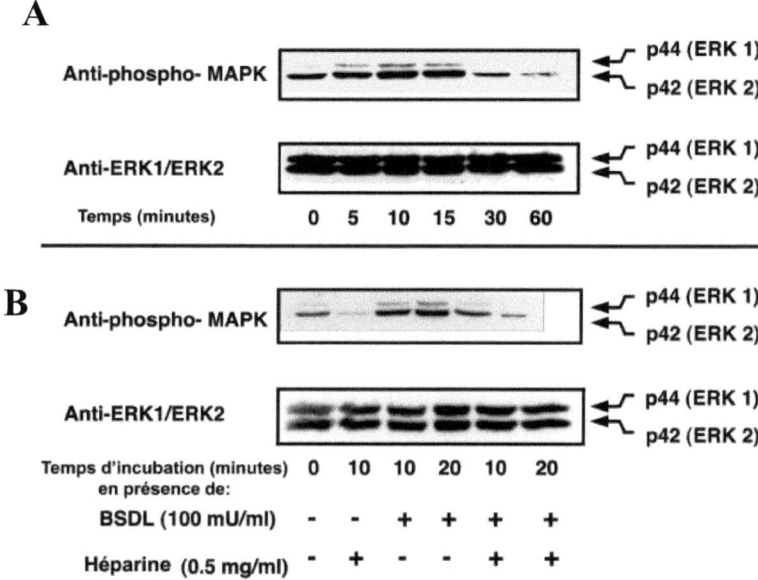

Figure 21 : Analyse sur SDS-PAGE de l'activation de la voie des MAPKinases par la BSDL. (**A**) les CML de rats rendues quiescentes sont incubées en présence de BSDL (100 mU/ml). Á la fin des temps d'incubation indiqués, les cellules sont lysées et les protéines (50 µg/dépôt) sont séparées sur SDS-PAGE puis électrotransférées sur membranes de nitrocellulose. Les protéines sont incubées en présence d'anti-ERK1 (p44)/ERK2 (p42) et d'anti-phosphoMAPK. (**B**) les CML sont incubées avec la BSDL en absence ou en présence d'héparine (0,5 mg/ml). Les protéines cellulaires ont été ensuite séparées pour l'immunodétection en présence d'anti-ERK1 (p44)/ERK2 (p42) et d'anti-phosphoMAPK.

L'effet de l'inhibiteur spécifique de la voie des MAP Kinases (le PD98059) a été testé sur l'incorporation de la [^{3}H]-thymidine. (100 mU/ml). Le PD98059 inhibe la prolifération des CML en présence d'une concentration mitogène de BSDL (100 mU/ml) (Figure 22).

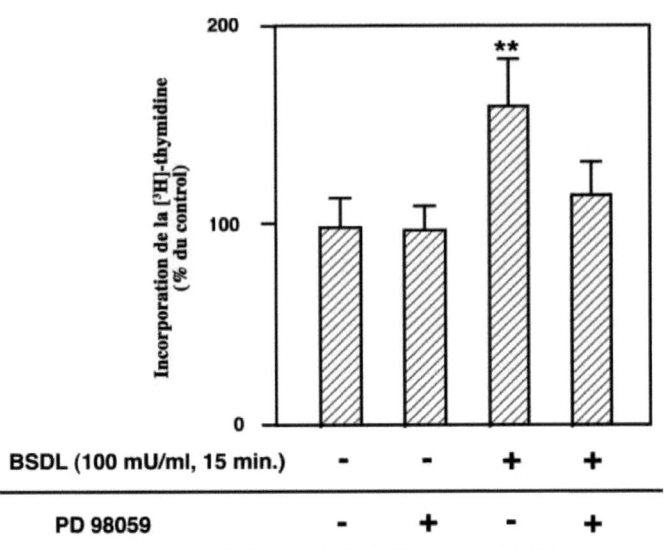

Figure 22: Détermination de la prolifération en présence de l'inhibiteur spécifique de la voie des MAPK. Les CML de rat rendues quiescentes sont traitées pendant 15 minutes avec le PD98059 (10 µmoles/l), en absence ou en présence de BSDL (100 mU/ml). L'incorporation de la [^{3}H]-thymidine est exprimée en pourcentage relatif au contrôle (**$p<0,01$).

Toutes ces données suggèrent que la BSDL est capable de libérer le b-FGF, d'autant plus qu'elle active également la voie ERK1/ERK2 des MAP Kinases qui joue un rôle clé dans l'avancement du cycle cellulaire.

2. Effet de la BSDL pancréatique sur l'activité angiogène des HUVEC

2.1. Origine de la BSDL aortique

Une activité sels biliaires dépendante a été détectée au niveau de l'homogénat aortique chez l'homme [Shamir *et al.*, 1996]. L'origine de cette activité est controversée d'autant plus que les résultats obtenus précédemment grâce à l'hybridation *in situ*, réalisée sur des coupes d'aortes humaines, n'ont permis de détecter aucun ARNm codant pour la BSDL. Cependant, un transcript de l'ADNc de la BSDL, qui n'a pas été séquencé, a pu être isolé par RT-PCR en utilisant les cellules endothéliales humaines [Li et Hui, 1998]. Dans ce contexte, des expériences complémentaires de RT-PCR ont été réalisées sur les ARNm extraits des HUVEC, lignée cellulaire choisie comme modèle de cellules endothéliales dans le cadre de notre étude. Dans un premier temps des sondes spécifiques de la BSDL humaine capables d'amplifier un transcript de 0,9 kb ont été utilisées. Dans les conditions utilisées un transcript a pu être amplifié à partir de l'ARNm extrait de plusieurs tissus fœtaux humains [Roudani *et al.*, 1995], aucun produit issu de la RT-PCR n'a été obtenu en utilisant les ARNm extraits des cellules HUVEC, à l'exception du transcript de la β-actine.

Suite à ce résultat, deux sondes capables d'amplifier la totalité de l'ADNc de la BSDL [Sbarra *et al.*, 1998] ont été utilisées. Ces conditions ont permis de détecter un transcript de 1,8 kb. Bien que la taille de ce transcript ne corresponde pas à celle du transcrit du pancréas humain (2,2 kb), elle semble être similaire à celle observée dans les éosinophiles [Holtsberg *et al.*, 1995] et les cellules d'hépatome humain (HepG2) [Vérine *et al.*, 1999]. Cependant et contrairement aux résultats obtenus avec les cellules de l'hépatome [Vérine *et al.*, 1999], la séquence de ce transcript de 1,8 kb diffère nettement de celle de la BSDL (25 % d'homologie seulement). Cette étude a été poursuivie par un Western blot réalisé sur un homogénat d'HUVEC. Les anticorps spécifiques de la BSDL humaines (pAbL64) ont été incapables de détecter un matériel protéique de 100 kDa correspondant à la BSDL humaine. À noter également l'absence d'activité estérasique mesurée en présence ou en absence de sels biliaires dans l'homogénat des HUVEC.

Afin de déterminer l'origine de la BSDL aortique, l'enzyme pancréatique humaine couplée au FITC a été introduite, chez le rat, dans une chambre intestinale formée au niveau du duodénum et du jéjunum. L'expérience est réalisée dans des conditions permettant la détection de l'enzyme native dans le sang [Bruneau *et al.*, 2003b]. Après une heure d'incubation, les rats sont sacrifiés et les échantillons d'aortes sont prélevés puis traités pour l'immunohistochimie en utilisant les anticorps FITC conjugués à la phosphatase alcaline. Aucune réactivité avec les anticorps n'a été détectée au niveau de l'aorte appartenant aux rats contrôles, chez qui la chambre intestinale a été inoculée par du PBS seulement (Figure 23A). En revanche, un marquage de la paroi vasculaire est observé au niveau de l'aorte appartenant aux rats dont la boucle intestinale a été instillée avec la BSDL-FITC (Figure 23B). Aucun marquage n'a été détecté dans le tissu sous-endothélial, suggérant ainsi que, dans ces conditions, la BSDL est incapable d'atteindre l'espace subendothélial des vaisseaux sains. On peut noter le marquage des éléments sanguins au niveau de la lumière vasculaire, ces éléments plasmatiques représentent probablement les lipoprotéines (VLDL ou LDL) auxquelles une fraction de la BSDL circulante est associée [Bruneau *et al.*, 2003b; Caillol *et al.*, 1997].

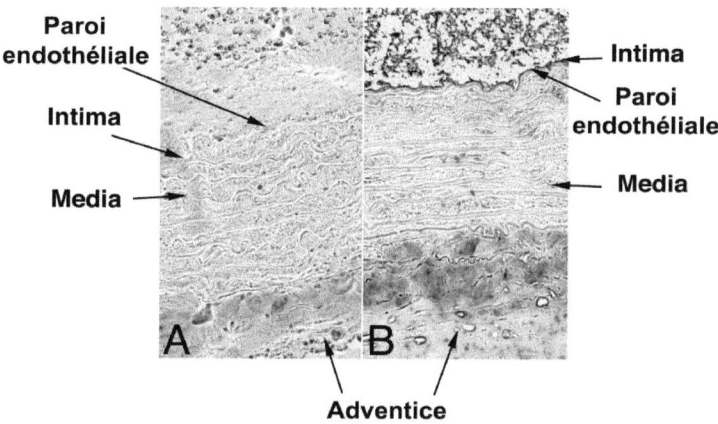

Figure 23: Détection immunohiostochimique, par microscopie optique, de la BSDL FITC au niveau du tissu aortique de rat. La BSDL du pancréas humain couplée au FITC (100 nM dans une solution saline contenant du cholate de sodium et de l'aprotonine) est introduite dans la chambre intestinale de rat vivant, pendant 60 minutes. L'aorte prélevée est traitée pour l'immunohistochimie en utilisant les anticorps anti-FITC conjugués à la phosphatase alcaline (**B**). L'expérience contrôle consiste à administrer la solution saline sans BSDL (**A**) [Grossissement x 1000].

2.2. Internalisation de la BSDL par les HUVEC

La BSDL pancréatique marquée au Texas Red (TR-BSDL) interagit non seulement avec les membranes plasmiques des HUVEC, au bout de 5 minutes d'incubation, mais elle est également internalisée dans le compartiment golgien après 30 minutes d'incubation. Au bout de 60 minutes d'incubation, l'enzyme diffuse dans le cytoplasme (Figure 24A). Dans une autre expérience, les HUVEC sont incubées en présence de la TR-BSDL dénaturée thermiquement ou inactivée par le Way-121,898 [Krause *et al.*, 1998]. Les résultats observés indiquent que la BSDL se fixe moins sur les membranes plasmiques des cellules lorsque sa conformation ou son activité enzymatique sont altérées (Figure 24B).

A

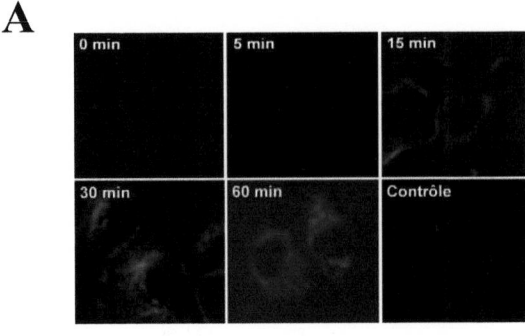

B

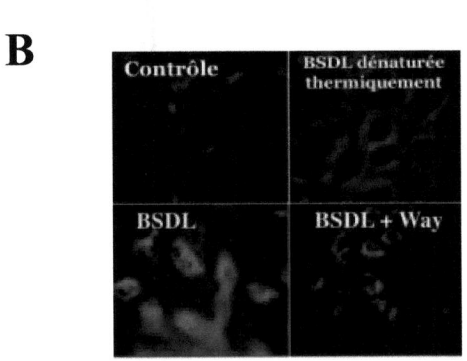

Figure 24: Captation de la BSDL par les HUVEC. (**A**) Les HUVEC sont incubées en absence (contrôle) ou en présence de la TR-BSDL (100 mU/ml), pendant les temps indiqués. (**B**) Les HUVEC sont incubées en présence de la BSDL dénaturée thermiquement ou inactivée par le Way-121,898 (20 µM) avec ou sans la TR-BSDL (100 mU/ml). Les cellules sont ensuite lavées puis observées au microscope à fluorescence [Grossissement x 40].

In vivo, la BSDL circulante est capable d'interagir avec les cellules endothéliales de la paroi vasculaire, elle est également internalisée par les HUVEC en culture. Ces résultats suggèrent que l'activité de la BSDL, détectée au niveau de l'aorte humaine [Shamir et al., 1996], représente probablement l'enzyme circulante originaire du pancréas consécutivement à son mouvement

2.3. Effet de la BSDL pancréatique sur la prolifération des HUVEC

La BSDL pancréatique circule de manière permanente dans les vaisseaux sanguins [Lombardo *et al.*, 1993; Caillol *et al.*, 1997] et peut interagir avec les cellules endothéliales comme nous venons de le voir. Afin de déterminer l'effet de la BSDL pancréatique sur les cellules endothéliales, nous avons choisi les HUVEC comme modèle d'étude. Pour cela, les HUVEC sont incubées en présence de concentrations croissantes de BSDL et l'incorporation de la [^{3}H]-thymidine est ensuite déterminée. Dans ces conditions (Figure 25A), les doses de BSDL comprises entre 5 et 500 mU/ml augmentent l'incorporation de la [^{3}H]-thymidine, qui devient significative entre 50 et 200 mU/ml, quantités correspondant au taux de BSDL mesurés dans le sang de patients normolipidémiques [Caillol *et al.*, 1997]. À des concentrations élevées, la BSDL inhibe l'incorporation de la [^{3}H]-thymidine. Ceci pourrait être dû à la saturation, par l'excès de BSDL, des héparanes sulfates membranaires essentiels à l'activation des facteurs de croissance [Myler et West, 2002].

L'incubation des HUVEC avec la dose mitogène de BSDL (100 mU/ml), induit une incorporation maximale de la [^{3}H]-thymidine pour un temps d'incubation supérieur à 30 minutes. Le maximum d'incorporation était obtenu pour des temps d'incubation compris entre 1 et 3 heures (Figure 25B). La diminution de l'incorporation de la [^{3}H]-thymidine au delà de 24 heures d'incubation serait probablement le résultat d'une dénaturation ou d'une dégradation de la BSDL.

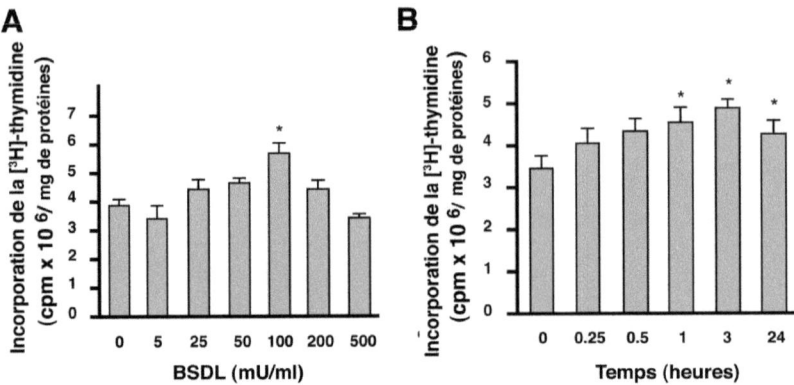

Figure 25: Effet mitogène de la BSDL sur les HUVEC. Les HUVEC rendues quiescentes sont incubées, pendant 3 heures, en présence de concentrations croissantes de BSDL (**A**), ou en présence de la BSDL (100 mU/ml) pendant les temps indiqués (**B**). Après traitement des HUVEC, la [^{3}H]-thymidine est ajoutée et son incorporation par l'ADN des cellules est déterminée (*$p<0,05$).

L'effet prolifératif de la BSDL sur les HUVEC dépend entre autre de l'activité enzymatique ou de la conformation de la protéine. En effet, la BSDL dénaturée thermiquement (1 µg/ml, quantité correspondant à 100 mU/ml d'enzyme active) est incapable d'augmenter l'incorporation de la [^{3}H]-thymidine en comparaison avec l'effet de la BSDL native (100 mU/ml pendant 3 heures). L'utilisation du Way-121,898, inhibiteur spécifique de l'activité enzymatique de la BSDL, annule aussi l'effet mitogène qui peut donc être attribué à l'enzyme native seulement (Figure 26).

La BSDL, à des concentrations équivalentes à celles retrouvées dans la circulation sanguine, exerce un effet stimulant sur la prolifération des HUVEC. Afin d'exercer son effet mitogène, la BSDL doit avoir une conformation et une

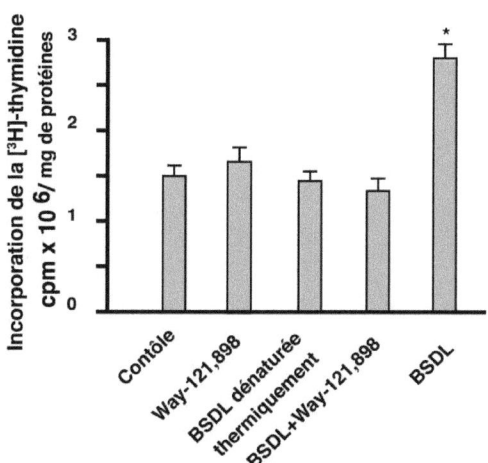

Figure 26 : Effet mitogène de la BSDL sur les HUVEC. Les HUVEC rendues quiescentes sont incubées, pendant 3 heures, en présence de la BSDL dénaturée thermiquement (1 µg/ml correspondant à environ 100 mU/ml d'activité enzymatique), ou de la BSDL native (100 mU/ml) avec ou sans le Way-121,898 (20 µM). Après traitement des HUVEC, la [^{3}H]-thymidine est ajoutée et son incorporation par l'ADN des cellules est déterminée (*$p<0,05$).

2.4. Rôle de la BSDL pancréatique dans la migration chimiotactique et la motilité des HUVEC

2.4.1. La migration chimiotactique des HUVEC

La mise en évidence de l'effet de la BSDL pancréatique sur la migration chimiotactique des HUVEC a été réalisée à l'aide d'un système d'insert dont les compartiments haut et bas sont séparés par un filtre permettant le passage des cellules au travers de pores de 8 µm de diamètre. Les cellules sont cultivées sur la partie supérieure du filtre. Cette partie est ensuite plongée dans la chambre inférieure de l'insert contenant le milieu de culture à 0,3 % SVF en absence ou en présence de

BSDL (100 mU/ml, 3 heures). Le dénombrement des cellules qui ont traversé le filtre depuis le côté supérieur pour se fixer sur le côté inférieur, indique que la BSDL exerce un effet stimulant chimiotactique significatif sur la migration des HUVEC au travers du filtre (Figure 27).

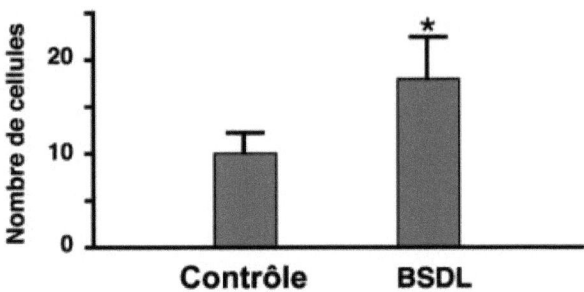

Figure 27: Effets de la BSDL sur la migration chimiotactique des HUVEC. Les HUVEC sont cultivées dans le milieu à 0,3 % SVF sur le compartiment supérieur des inserts de 8 µm de diamètre. Le milieu contenant la BSDL (100 mU/ml) ou non (contrôle) est ajouté dans le chambre supérieure. Après 3 heures d'incubation, les cellules qui ont migré sont fixées, colorées puis comptées au microscope. Les données présentées sont des moyennes de 3 expériences ± déviation standard (*$p<0,05$).

2.4.2. La motilité des HUVEC

Pour évaluer la motilité des HUVEC, des monocouches cellulaires à confluence ont été griffées avec la pointe d'une pipette en plastique. Les cellules sont ensuite incubées en absence ou en présence de la dose mitogène de BSDL (100 mU/ml pendant 3 heures) puis lavées et incubées 24 heures à 37°C. Les résultats montrent que les HUVEC incubées en présence de BSDL ont migré activement et l'espace de la blessure a été envahi au bout de 24 heures d'incubation, en revanche, aucune cellule n'a rempli l'espace blessé en absence de BSDL (Figure 28). Afin de distinguer l'effet prolifératif de la BSDL de son effet sur la mobilité des HUVEC, la synthèse protéique des cellules a été bloquée par la cycloheximide. Lorsque les

HUVEC sont incubées en présence de cycloheximide (1 µg/ml pendant 3 heures ou 100 ng/ml pendant 24 heures), la BSDL est toujours capable de provoquer la migration des cellules (Figure 28). Notons que la cycloheximide aux concentrations utilisées (100 ng/ml ou 1 µg/ml) n'est pas cytotoxique pour les HUVEC. La prolifération des HUVEC ne peut donc pas être responsable de l'effet observé. De nouveau la BSDL doit avoir une conformation correcte pour exercer son effet, car l'incubation d'une monocouche de cellules HUVEC griffées en présence de la BSDL dénaturée thermiquement (1 µg pendant 3 heures) ne donne pas lieu au phénomène de réparation de la blessure. L'activité enzymatique de la BSDL semble être également nécessaire à la réparation de la blessure, car l'incubation des HUVEC avec le Way-121,898 en absence ou en présence de BSDL induit l'inhibition de ce phénomène.

Ces résultats, qui montrent un effet stimulant à la fois de la migration chimiotactique des HUVEC et la réparation de la blessure in vitro, sous l'action de la BSDL, suggèrent la participation de cette enzyme au processus d'angiogenèse, voire une implication dans le maintien de l'intégrité de

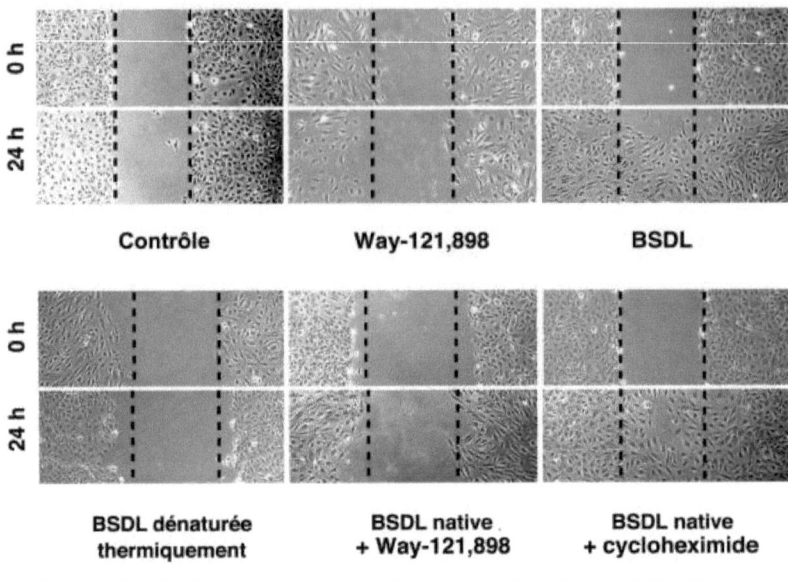

Figure 28: Effets de la BSDL sur la motilité des HUVEC. Les HUVEC cultivées jusqu'à la confluence sont griffées avec le bout d'une pipette en plastique. Elles sont ensuite incubées, pendant 3 heures, en absence (contrôle) ou en présence de BSDL (100 mU/ml), de BSDL dénaturée thermiquement (1 µg/ml, 3 heures) ou du Way-121,898 (20 µM) avec ou sans BSDL. La blessure est également réalisée après une préincubation des cellules en présence de BSDL (100 mU/ml, 3 heures) et de cycloheximide (1 µg/ml pendant 3 heures ou 100 ng/ml pendant 24 heures), afin d'inhiber la synthèse protéique des HUVEC. Après 24 heures d'incubation, les cellules sont photographiées au microscope [Grossissement x 10]. La zone blessée est comprise entre les deux traits en pointillés.

2.5. Implication de la BSDL dans l'angiogenèse et rôle des facteurs de croissance

2.5.1. Effet de la BSDL sur l'angiogenèse *in vitro*

Les effets observés précédemment de la BSDL sur la prolifération, la migration et la motilité des HUVEC, suggèrent une possible stimulation de l'angiogenèse. Afin de mettre en évidence l'effet potentiel de la BSDL sur l'activité angiogène des HUVEC, nous avons vérifié la formation des tubes capillaires dans un milieu Matrigel en trois dimensions. Après l'addition de BSDL (100 mU/ml, 3 heures), les cellules cultivées sur Matrigel sont lavées et leur incubation est reconduite pour 24 heures dans le milieu de culture supplémenté de 0,3 % de SVF. L'observation au microscope à contraste de phase indique que la BSDL induit des changements dans la morphologie des HUVEC, avec des réarrangements de structures donnant naissance à des branchements représentatifs de la formation de tubes capillaires (Figure 29).

La mesure de la longueur des tubes formés entre les intersections cellulaires permet de quantifier le phénomène. Une augmentation significative de la longueur des tubes est observée à 100 mU/ml de BSDL (+ 62 % d'augmentation par rapport au contrôle dans lequel la BSDL est absente). Dans ces conditions, une augmentation non significative (+15 %) dans la formation des tubes est observée lorsque les HUVEC sont cultivées sur Matrigel en présence de milieu de culture supplémenté avec 10 % de SVF (Figure 30). A noter également, l'inhibition de l'activité angiogène des HUVEC en présence de la BDSL dénaturée thermiquement ou inactivée par le Way-121,898.

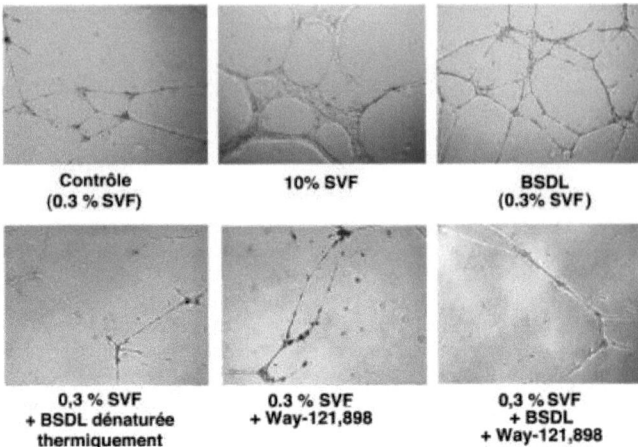

Figure 29: Aspect morphologique de la formation des tubes capillaires. Les HUVEC sont cultivées sur Matrigel en présence du milieu de culture contenant 0,3 % SVF (contrôle), 10 % SVF, 100 mU/ml de BSDL, la BSDL dénaturée thermiquement, ou le Way-121,898 (20 µM) en absence ou en présence de la BSDL native. Après 3 heures d'incubation, les cellules sont lavées puis incubées pendant 24 heures. Les cellules sont photographiées, sur 10 champs différents par puits, au microscope à contraste de phase [Grossissement x 10].

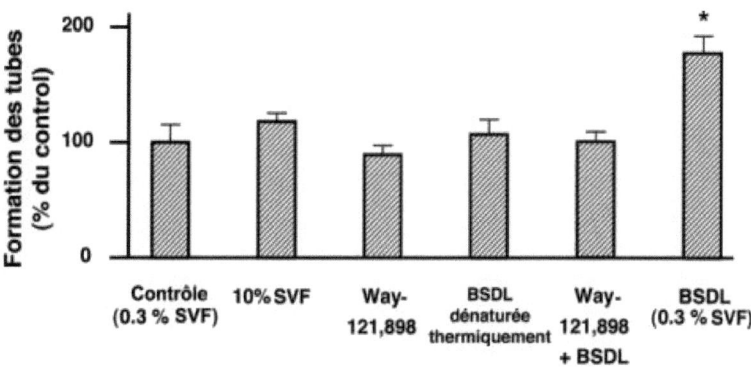

Figure 30 : Mesure de la longueur des tubes capillaires. La longueur des structures capillaires est exprimée en % par rapport au contrôle. Les résultats sont des moyennes ± déviation standard de 3 expériences séparées (*p<0,05).

2.5.2. Implication des facteurs de croissance

La formation des prolongements capillaires entre les cellules est un phénomène qui a été décrit avec les HUVEC, cultivées sur Matrigel, en présence de VEGF [Kume et al., 2002] ou de b-FGF [Segura et al., 2002]. L'implication de ces facteurs de croissance dans la prolifération des HUVEC induite par la BSDL a été mise en évidence par l'utilisation d'anticorps dirigés contre le b-FGF et le VEGF. Les HUVEC rendues quiescentes sont incubées en absence (contrôle) ou en présence d'anti-b-FGF (2 µg/ml), d'anti-VEGF (2 µg/ml) ou d'un mélange des deux anticorps (2 µg/ml chacun). Dans ces conditions, les cellules sont incubées en absence (-BSDL) ou en présence de BSDL (+BSDL, 100 mU/ml, 3 heures). L'augmentation de l'incorporation de la [^{3}H]-thymidine induite par la BSDL est annulée en présence d'anti-b-FGF ou d'anti-VEGF (Figure 31). L'inhibition de la prolifération induite par le mélange des deux anticorps est similaire à celle obtenue avec l'anti-bFGF seul ou l'anti-VEGF seul. Ceci peut être expliqué par la synergie observée entre le b-FGF et le VEGF sur les HUVEC, au niveau desquelles, le b-FGF stimule la synthèse du

VEGF qui en retour augmente l'expression de ses récepteurs spécifiques [Hata *et al.*, 1999].

> *Ces résultats suggèrent que la BSDL aurait une activité angiogène sur les cellules HUVEC in vitro. À noter également que le pouvoir mitogène de la BSDL sur les HUVEC implique des facteurs de croissance comme le b-FGF et*

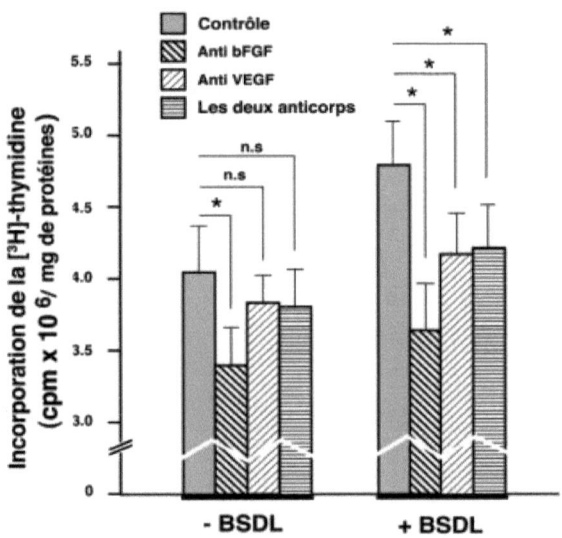

Figure 31 : Implication des facteurs de croissances dans la prolifération des HUVEC. Les HUVEC rendues quiescentes sont incubées dans le milieu sans SVF, en absence (contrôle) ou en présence d'anti-b-FGF (2 µg/ml), d'anti-VEGF (2 µg/ml), ou des deux anticorps à la fois (2 µg/ml chacun). Ces incubations sont réalisées sans (-BSDL) ou avec BSDL (+ BSDL, 100 mU/ml, 3 heures). La [^{3}H]-thymidine est ajoutée et son incorporation par l'ADN des cellules est déterminée. Les résultats sont la moyenne ± déviation standard de 3 expériences (*$p<0,05$; n.s. = non significatif).

2.6. Mise en évidence du rôle de la BSDL dans la libération du b-FGF et du VEGF de la matrice extracellulaire

La matrice extracellulaire ou MEC est essentielle pour le maintien et la croissance des vaisseaux normaux en agissant entre autre comme un réservoir de facteurs de croissance. Il est donc important, dans le cadre de notre étude, de déterminer l'origine des facteurs de croissance (b-FGF et VEGF) impliqués dans l'activité angiogène de la BSDL.

2.6.1. Déplacement du b-FGF

Dans un premier temps, les HUVEC ont été traitées pour un fluoromarquage extracellulaire du b-FGF. Le résultat obtenu (Figure 32) montre que l'anti-b-FGF marque faiblement les membranes plasmiques des HUVEC (A). Lorsque les HUVEC sont préincubées avec la BSDL (100 mU/ml, 1 heure) puis lavées, les anticorps dirigés contre le b-FGF détectent une plus grande quantité de b-FGF membranaire (C) en comparaison avec la quantité observée sans aucune préincubation avec la BSDL (A) ou en présence d'anti-b-FGF seul (2 µg/ml) (B). Ces observations suggèrent que la BSDL pourrait agir en démasquant les sites antigéniques du b-FGF. Les HUVEC ont aussi été préincubées en présence de BSDL (100 mU/ml) et d'anti-b-FGF (2 µg/ml) pendant une heure, afin de capturer le b-FGF potentiellement libéré par la BSDL. Après lavage des cellules, l'anti-b-FGF conjugué au FITC ne détecte aucun site antigénique du b-FGF sur les membranes des HUVEC (D).

Ces résultats suggèrent que le bFGF peut être déplacé de la membrane cellulaire ou plus probablement de la MEC sous l'action de la BSDL avant de se fixer sur des récepteurs spécifiques.

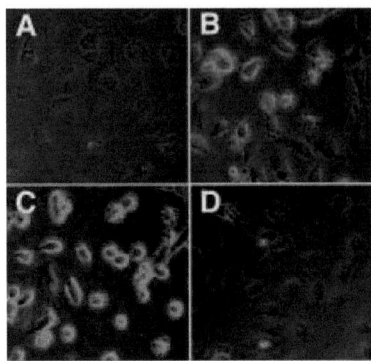

Figure 32 : Déplacement du b-FGF après incubation des HUVEC en présence de la BSDL. Après fixation au méthanol, les HUVEC sont traitées pour l'immunodétection avec l'anti-b-FGF et les complexes antigène-anticorps sont révélés par les immunoglobulines anti-chèvre couplées au FITC. Les cellules sont préalablement incubées dans le milieu sans SVF et sans effecteurs (**A**), ou supplémenté d'anti-b-FGF (2 µg/ml) (**B**), de BSDL (100 mU/ml) (**C**) ou de BSDL (100 mU/ml) + anti-b-FGF (2 µg/ml) (**D**), pendant 1 heure à 37°C [Grossissement x 20].

2.6.2. Rôle de la MEC dans la prolifération stimulée par la BSDL

Afin de confirmer l'origine de ces facteurs de croissance, des expériences de prolifération ont été conduites en absence ou en présence de MEC. Les HUVEC sont cultivées dans des boîtes de Pétri à raison de 4000 cellules/cm^2 et maintenues 3 jours de manière à obtenir un dépôt minimal de la MEC (-MEC). Les cellules sont ensuite incubées pendant 3 heures en présence de l'héparinase III (25 ng/ml), qui permet la dégradation de la MEC et donc la libération des facteurs de croissance séquestrés [Ono et Han, 2000] ou en présence de BSDL (100 mU/ml). L'incorporation de la [^{3}H]-thymidine dans le matériel génétique des HUVEC est ensuite déterminée. Dans ces conditions (-ECM), l'héparinase III et la BSDL ne provoquent aucune augmentation de l'incorporation de la [^{3}H]-thymidine par rapport aux cellules non traitées (contrôle) (Figure 33A). Une expérience est ensuite réalisée en présence de MEC (+MEC). Pour cela, les HUVEC ont été cultivées jusqu'à la confluence puis maintenues 7 jours supplémentaires afin d'assurer un dépôt massif de la MEC. Dans ces conditions, l'héparinase III et la BSDL augmentent considérablement la prolifération des HUVEC (Figure 33A). Cependant, la combinaison BSDL et héparinase III ne semble pas avoir un effet additif sur la prolifération des HUVEC, probablement par ce que la BSDL et l'héparinase sont capables, aux concentrations utilisées, de déplacer la totalité des facteurs de croissance fixés à la MEC.

En présence d'une MEC robuste (+ECM), les HUVEC sont préincubées 1 heure avec l'héparinase III (25 ng/ml), en présence d'anti-b-FGF (2 µg/ml) et/ou d'anti-VEGF (2 µg/ml). Cette combinaison d'héparinase et d'anticorps a pour objectif de capturer les facteurs de croissance libérés sous l'action de l'héparinase III. Les HUVEC sont ensuite lavées puis incubées en absence (-BSDL) ou en présence de BSDL (+BSDL, 100 mU/ml, 3 heures). Dans ces conditions la BSDL est incapable d'induire la prolifération des HUVEC (Figure 33B).

6.3. Quantification du b-FGF et du VEGF libérés de la MEC

La MEC apparaît donc comme étant un élément essentiel dans l'effet prolifératif de la BSDL sur les HUVEC. Il est connu que le b-FGF et le VEGF sont des protéines capables de se lier à l'héparine [Rusnati et Presta, 1996; Ferrara et Davis-Smyth, 1997] et c'est le cas également pour la BSDL [Bosner *et al.*, 1988]. De plus, les résultats obtenus suggèrent que cette enzyme agit en provoquant le déplacement de ces facteurs de croissance depuis la MEC. Pour éclaircir ce dernier point, les MEC d'HUVEC ont été préparées [Benezra *et al.*, 2002] puis « chargées » avec des facteurs de croissance radiomarqués ([^{125}I]-b-FGF ou [^{125}I]-VEGF) pendant 3 heures à 37°C. Les MEC sont lavées puis incubées en absence ou en présence de concentrations croissantes de BSDL, ensuite les facteurs de croissances radiomarqués sont quantifiés dans le surnageant et le lysat total des MEC. En absence de BSDL, une libération spontanée d'environ 15 % de [^{125}I]-b-FGF ou de [^{125}I]-VEGF depuis la MEC a été enregistrée, tandis qu'en présence de l'enzyme il y a une libération significative à la fois du b-FGF et du VEGF, qui augmente en relation quasi-linéaire avec les concentrations croissantes de la BSDL (Figure 34).

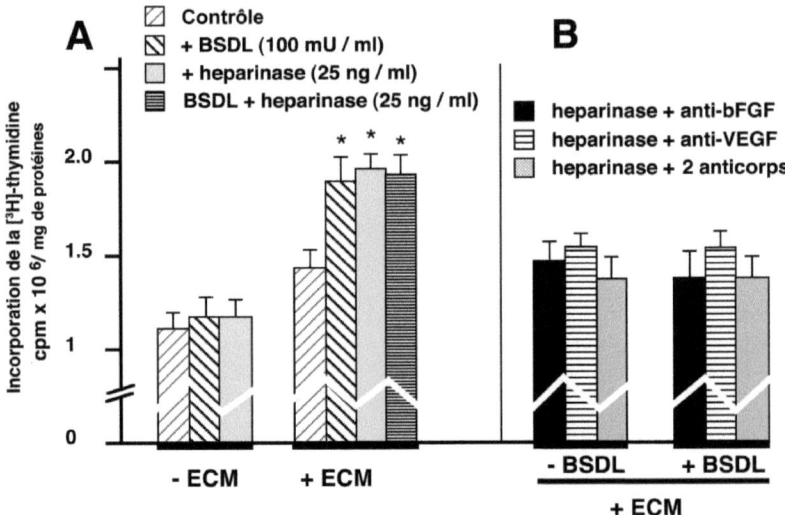

Figure 33 : **Détermination de la prolifération des HUVEC en absence ou en présence de MEC.** (**A**) Les HUVEC sont cultivées pour une production minimale de MEC (- MEC) ou une production importante de MEC (+MEC). Les cellules sont ensuite incubées, pendant 3 heures, sans effecteur (contrôle) ou en présence de BSDL (100 mU/ml), d'héparinase III (25 ng/ml) ou BSDL + héparinase (+ECM), avant de mesurer l'incorporation de la [^{3}H]-thymidine. (**B**) Les HUVEC, cultivées dans les conditions permettant un dépôt massif de MEC (+MEC), sont préincubées (30 minutes) en présence d'héparinase III (25 ng/ml) et d'anti-b-FGF (2 µg/ml), d'héparinase III et d'anti-VEGF (2 µg/ml), ou d'héparinase III supplémentée des deux anticorps (2 µg/ml chacun). Les cellules sont ensuite lavées puis incubées en absence (- BSDL) ou en présence de BSDL (+ BSDL, 100 mU/ml, 3 heures), avant de mesurer l'incorporation de la [^{3}H]-thymidine (*$p<0,05$).

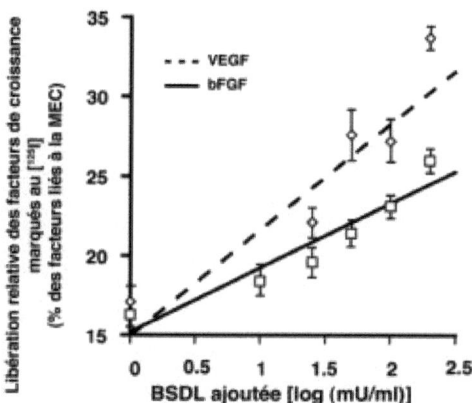

Figure 34 : Quantification des facteurs de croissance libérés de la MEC. Après une déposition importante de MEC, les HUVEC sont lysées et la MEC qui reste est marquée avec du [^{125}I]-b-FGF ou du [^{125}I]-VEGF. La MEC est ensuite lavée puis incubée, pendant 3 heures à 37°C, en présence des concentrations croissantes de BSDL indiquées. Les quantités de facteurs de croissance radiomarqués (: b-FGF; ◊ : VEGF) libérés dans le surnageant sont déterminées sur des aliquotes. Les résultats sont exprimés en % de facteurs de croissance libérés par rapport au % de facteurs de croissance initialement liés à la MEC.

Ces résultats montrent que la BSDL est capable de déplacer le b-FGF et le VEGF depuis la MEC, probablement grâce son affinité pour les héparanes sulfates membranaires. Ces facteurs de croissance, en se fixant sur leurs récepteurs spécifiques, vont promouvoir la prolifération et la migration des HUVEC.

2.7. Activation des MAPkinases (ERKI/ERK2, p38 MAPK et FAK)

Les résultats obtenus indiquent que l'effet de la BSDL sur la prolifération des HUVEC implique une libération du b-FGF et du VEGF liés à la MEC. Les facteurs de croissance libérés peuvent ainsi s'associer à leurs récepteurs spécifiques situés sur la membrane plasmique des HUVEC pour activer les voies de signalisation intracellulaires, notamment les MAPK, ERK2/ERK2, la p38 MAPK et la FAK. Afin de mettre en évidence l'implication de ces différentes voies, les HUVEC rendues quiescentes sont incubées en présence de BSDL (100 mU/ml) et pour des temps d'incubation indiqués sur la Figure 35. À la fin de chaque temps d'incubation, les lysats cellulaires sont récupérés et les protéines séparées par SDS-PAGE puis transférées sur membrane de nitrocellulose. Ces membranes sont ensuite incubées en présence d'anti-ERK1/ERK2 (p42/p44) MAPK ou d'anti-phospho MAPK, d'anti-p38 ou d'anti-phospho-p38 MAPK, et d'anti-FAK ou d'anti-phospho FAK. La BSDL, à sa dose mitogène, provoque une nette phosphorylation des ERK1/ERK2 MAPK qui apparaît au bout de 10 à 15 minutes d'incubation, puis diminue progressivement pour revenir au niveau basal (Figure 35A). La BSDL induit également la phosphorylation de la p38 MAPK et de la FAK, après 5 minutes de contact seulement des HUVEC avec la BSDL (Figure 35B et C).

Ainsi la BSDL, en libérant les facteurs de croissance comme le b-FGF et le VEGF depuis la MEC, est capable d'activer de multiples voies de signalisations intracellulaires (ERK des MAPK, p38 des MAPK et FAK) responsables de la stimulation de la prolifération et de la migration des HUVEC.

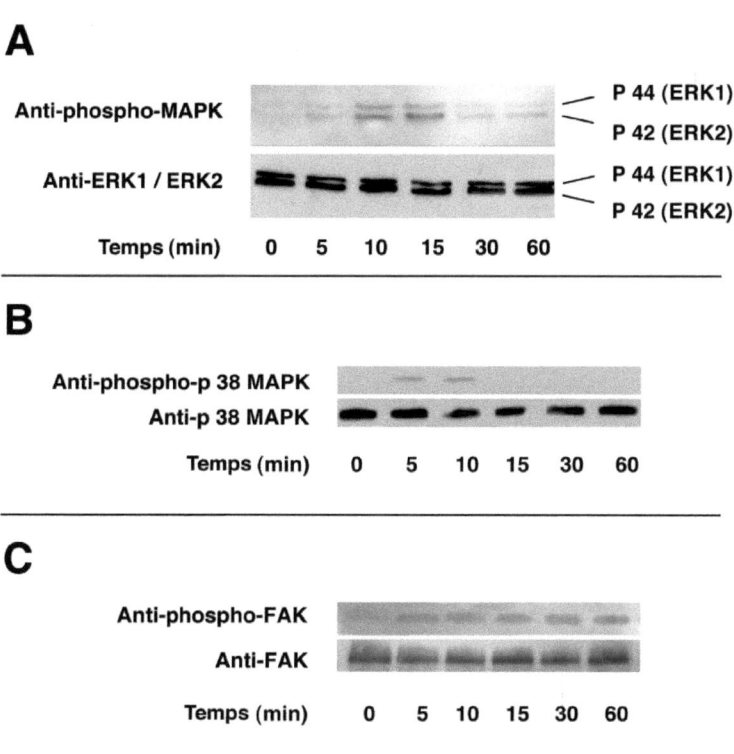

Figure 35: Activation des MAPKinases par la BSDL. Les HUVEC rendues quiescentes sont incubées avec la BSDL (100 mU/ml), pendant les temps d'incubation indiqués. Les cellules sont ensuite lysées et leurs protéines (50 µg par dépôt) sont séparées sur SDS-PAGE puis électrotransférées sur membrane de nitrocellulose. Les protéines sont révélées en présence d'anticorps anti-ERK1 (p44)/ERK2 (p42) des MAPK et d'anti-phospho MAPK (**A**), d'anti-p38 MAPK et d'anti-phospho p38 MAPK (**B**), ou d'anti-FAK et d'anti-phospho FAK (**C**).

3. Mise en évidence du rôle des auto-anticorps circulants dirigés contre la BSDL dans l'activité mitogène de la BSDL

3.1. Détermination de la prolifération en présence des anticorps mAbJ28 et mAb16D10

Les auto-anticorps circulants, détectés chez les patients souffrant de diabète de type I, sont dirigés contre la partie C-terminale de la BSDL [Panicot *et al.*, 1999b]. Le mAbJ28 et le mAb16D10, anticorps monoclonaux produits au sein de notre laboratoire, sont eux aussi dirigés contre la partie C-terminale de la BSDL. L'incorporation de la [^{3}H]-thymidine par les HUVEC a été déterminée en présence de ces anticorps avec ou sans BSDL. Les résultats obtenus indiquent une inhibition de l'effet mitogène de la BSDL en présence de ces anticorps (Figure 36).

3.2. Effets des IgGs circulants dirigés contre la BSDL sur l'incorporation de la [^{3}H]-thymidine et la migration des HUVEC

Afin de compléter ce travail, 14 sérums dont 5 appartenant à des sujets normaux et 9 à des patients atteints de diabète de type I, ont été récoltés. Les immunoglobulines (IgGs) ont été purifiées à partir de ces sérums afin d'éviter la présence de lipoprotéines ou de facteurs de croissance présents dans la circulation et qui sont susceptibles d'influencer la croissance des HUVEC. L'incorporation de la [^{3}H]-thymidine par les HUVEC a été déterminée en présence des IgGs spécifiques de la BSDL et dont les concentrations ont été établies par le test ELISA [Panicot *et al.*, 1999b]. Les résultats obtenus montrent une diminution linéaire de l'incorporation en fonction des quantités croissantes d'anticorps dirigés contre la BSDL (Figure 37A, r = 0,84). Cependant, il n'y a pas de différence entre l'effet observé chez les patients diabétiques et normaux. Ceci pourrait être dû, d'une part, au faible nombre d'échantillons examinés, et d'autre part, au protocole d'isolement des IgGs qui est susceptible d'éliminer certaines sous classes d'immunoglobulines développées chez les patients et qui présentent une affinité différente pour la BSDL. De plus, les anticorps dirigés contre la BSDL apparaissent le plus souvent avant l'apparition de la pathologie diabétique [Panicot *et al.*, 1999b].

Deux préparations d'IgGs ont été sélectionnées, en fonction de leur contenu en anticorps anti-BSDL, pour être testées sur la réparation de la blessure en présence de la BSDL. Les IgGs, provenant d'un patient atteint de diabète de type I, appelé Nb6 (environ 10^{-3} mg d'anti-BSDL/mg d'immunoglobulines total) inhibent la réparation de la blessure sur les HUVEC. En revanche, les IgGs provenant d'un patient sain, appelé Nb3 (environ 10^{-4} mg d'anti-BSDL/mg d'immunoglobulines totales) n'empêchent pas la BSDL d'exercer son effet stimulant sur l'envahissement de l'espace créé par la blessure des HUVEC (Figure 37B).

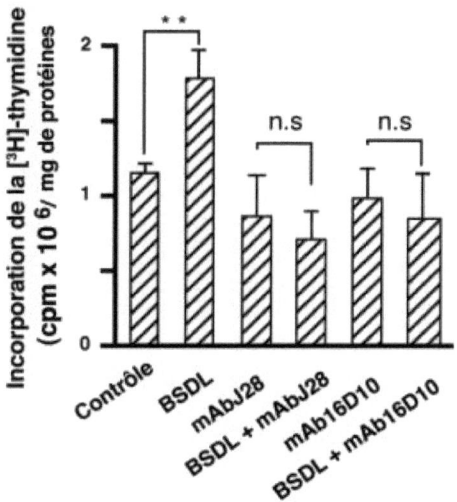

Figure 36 : Détermination de la prolifération des HUVEC en présence du mAbJ28 et du mAb16D10. Les HUVEC rendues quiescentes sont incubées (3 heures) avec les anticorps monoclonaux: le mAbJ28 ou le mAb16D10 (1µg/ml chacun), en absence ou en présence de BSDL (100 mU/ml). La [^{3}H]-thymidine est ajoutée et son incorporation par l'ADN des cellules est déterminée. Les résultats sont des moyennes ± déviation standard de 3 expériences séparées (**p<0,01; n.s. = non significatif).

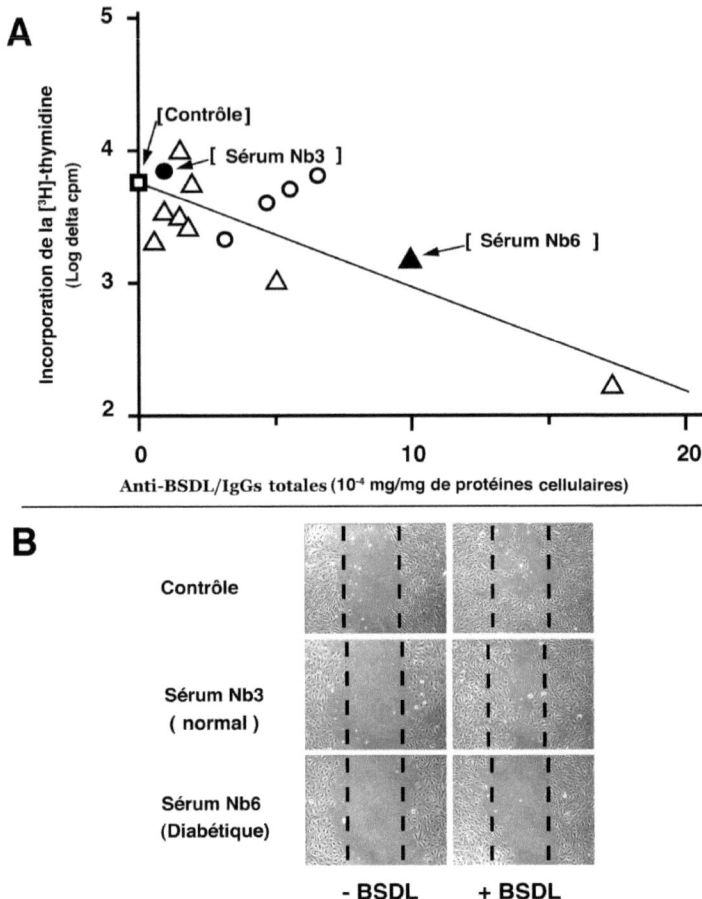

Figure 37: Effets des auto-anticorps circulants dirigés contre la BSDL sur la prolifération et la migration des HUVEC. (A) Les IgGs ont été purifiées par chromatographie d'affinité sur une colonne de protéine-A agarose, à partir de sérums humains dont 5 appartenant à des patients normaux (○) et 9 appartenant à des patients atteints de diabète de type I (Δ). L'incorporation de la [^{3}H]-thymidine par les HUVEC a été déterminée en présence de 100 µg d'IgGs de chaque patient, avec ou sans BSDL (100 mU/ml). Les contrôles réalisés séparément, en absence d'IgGs et en présence de BSDL, indiquent une prolifération maximale (□). **(B)** Les HUVEC cultivées jusqu'à la confluence sont griffées avec le bout d'une pipette en plastique. Elles sont ensuite incubées en absence (sans sérum) ou en présence de 100 µg d'IgGs provenant d'un patient normal Nb3 (●) ou d'un patient atteint du diabète de type I Nb6 (▲). Les photos ont été prises après 24 heures d'incubation sans (-BSDL) ou avec (+BSDL, 100 mU/ml) [Grossissement x10].

Discussion

1. Implication de la BSDL pancréatique dans les lésions athéromateuses

Le lien entre les lipides et l'athérosclérose a dominé les esprits depuis les années 70, en se basant sur l'expérimentation et sur des corrélations biologiques entre l'hypercholestérolémie et l'athérome [Ross et Harker, 1976]. L'émergence des connaissances acquises en biologie vasculaire a conduit le chercheur à focaliser son intérêt sur les facteurs de croissance et sur la prolifération des cellules musculaires lisses (CML). L'intégration de ces notions laisse place à un concept définissant l'athérome comme une accumulation d'éléments lipidiques entourés par une capsule formée de CML proliférantes [Libby, 2002].

Au cours de notre étude, on a pris en compte le fait que la BSDL soit une cholestérol estérase [Lombardo, 2001], notamment retrouvée dans la circulation [Bruneau et al., 2003b] où elle est associée aux LDL [Caillol et al., 1997], que la fraction liée aux LDL est susceptible d'être transportée au sein de l'intima vasculaire [Shamir et al., 1996], et que les LDL dégradées sous l'action d'une cholestérol estérase bactérienne induisent la prolifération des CML [Klouche et al., 2000]. Actuellement, des données expérimentales montrent que la pénétration et la rétention sous endothéliale des lipoprotéines contenant l'apoB100 constituent les évènements initiateurs de l'athérogenèse [Boren et al., 2000]. Ces observations suggèrent que la BSDL aurait, à côté de sa fonction digestive majeure, un rôle physiologique particulier une fois l'intima vasculaire atteint.

L'athérosclérose est un processus dégénératif lent qui touche l'aorte, les artères coronaires épicardiques, l'artère carotide et d'autres artères importantes dotées d'un débit sanguin élevé. Dans cette étude, nous avons d'abord examiné la présence de la BSDL au niveau des lésions athéromateuses. À cet effet, l'athérosclérose a été modélisée en soumettant des singes à un régime hypercholestérolémique. Les résultats obtenus montrent que la BSDL immunoréactive peut être détectée au sein de la paroi artérielle athéromateuse, où elle est associée aux CML et au 4-hydroxynonenal. Par contre, les macrophages n'ont pas réagi avec les anticorps spécifiques de la BSDL.

Il nous a été impossible de détecter la BSDL (ARNm, protéine, et activité enzymatique) dans les CML, ainsi que son ARNm au niveau de la plaque d'athérome humaine incluant les CML et les cellules endothéliales. Ces résultats confirment, d'une part, l'origine exogène de la BSDL, suite à sa transcytose intestinale, et d'autre part, une colocalisation avec les LDL oxydées au niveau des lésions athéromateuses.

La formation et le développement des plaques d'athérome résultent d'une interaction dynamique entre la paroi des vaisseaux et le sang circulant. L'étape cruciale de la constitution des plaques semble être la présence des lipoprotéines oxydées dans l'espace sous endothélial, dans le même temps, les CML produisent des protéoglycanes capables de se lier aux lipides et de faciliter ainsi leur oxydation [Lee et al., 2001]. Dans ce contexte, on a jugé important d'examiner l'effet de la BSDL pancréatique humaine sur la prolifération des CML. Les résultats obtenus indiquent que la BSDL, à des concentrations enregistrées dans la circulation sanguine [Caillol et al., 1997], est capable d'induire la prolifération des CML. Cette prolifération est liée à l'activité enzymatique de la BSDL, car l'enzyme inhibée avec le DFP perd son effet mitogène sur les CML. En plus, une simple fixation de la BSDL sur la membrane des CML ne suffit pas à activer la prolifération cellulaire, comme il a été montré dans le cas de l'enzyme dénaturée thermiquement. Cependant, la BSDL a besoin de s'associer à la membrane plasmique des CML, car l'héparine, qui empêche la fixation de la BSDL aux membranes plasmiques [Lombardo, 2001], ou le pAbL64, qui fixe essentiellement les structures glycanniques *O*-liés de l'enzyme [Lombardo, 2001], diminuent l'effet prolifératif de la BSDL. Ces résultats suggèrent que la BSDL pourrait interagir avec les membranes plasmiques des CML par l'intermédiaire du site de fixation à l'héparine [Sbarra et al., 1998] et/ou des domaines *O*-liés de la BSDL humaine [Lombardo, 2001].

Conséquence de sa large spécificité [Lombardo, 2001; Hui *et al.*, 1993; Lombardo et Guy, 1980; Wang *et al.*, 1988], la BSDL est capable de générer plusieurs seconds messagers lipidiques susceptibles de promouvoir la prolifération des CML. Les quantités de sphingomyéline et de céramide cellulaires ne varient pas lors de l'incubation des CML en présence de la dose mitogène de la BSDL, ce qui permet d'exclure l'implication de la voie d'activation de la « sphingomyéline-céramide » [Augé *et al.*, 1996; Hui *et al.*, 1993]. Les phospholipides cellulaires et le lysoPC contenus dans le surnageant des cellules diminuent de manière significative, tandis que de l'acide oléique libre apparaît dans le milieu, suggérant ainsi que cet acide à caractère mitogène [Lu *et al.*, 1996] est probablement généré par la BSDL à partir de phosphatidyl-cholines ou des lysoPC.

Les lysoPC et certains messagers lipidiques comptent parmi les constituants des LDL oxydées qui sont impliqués dans la stimulation de la prolifération des CML en culture [Chisolm et Chai, 2000]. Ils exercent leurs effets en partie en induisant l'expression ou la libération des facteurs de croissance comme le b-FGF. La BSDL qui serait susceptible d'hydrolyser préférentiellement les phosphatidyl-cholines, exposés sur les feuillets externes de la membrane plasmique, pourrait, en générant des seconds messagers lipidiques, induire la libération du b-FGF, facteur de croissance situé dans le compartiment péricellulaire [Medalion *et al.*, 1997]. Le b-FGF en s'associant ensuite à ses récepteurs spécifiques sur la membrane plasmique induirait la prolifération des CML [Chai *et al.*, 2002]. La phosphorylation des récepteurs du bFGF devrait également activer la phospholipase Cγ, qui est un phosphoinositide spécifique responsable de la production du DAG cellulaire [Neri *et al.*, 1998]. Cependant, le DAG qui augmente légèrement dans les CML incubées en présence de BSDL peut être le résultat de l'hydrolyse des triglycérides par l'enzyme une fois internalisée par les CML.

Indépendamment de leur production, ces seconds messagers lipidiques transmettent individuellement leur activité mitogène à travers la voie ubiquitaire des MAP Kinases [Davis, 1993]. On a montré que l'activation des MAP Kinases, ayant lieu au bout de quelques minutes d'incubation des CML en présence de BSDL, était rapidement suivie d'une inactivation. Ce temps d'activation correspond à celui obtenu après incubation des CML en présence du lysoPC [Yamakawa *et al.*, 1998]. De plus, le PD98059, inhibiteur spécifique de la voie ERK des MAP Kinases, induit une diminution significative de la prolifération stimulée par la BSDL.

L'ensemble de ces résultats montre que la BSDL pancréatique provoque la prolifération des CML *via* la génération de messagers lipidiques intra- et extracellulaires, la libération du b-FGF, et l'activation consécutive des MAP Kinases. Physiologiquement, la prolifération des CML est une caractéristique constante dans le développement des lésions athérosclérotiques [Lusis, 2000]. La présence de la BSDL en association aux CML dans la plaque d'athérome ainsi que son effet prolifératif sur les CML en culture, suggèrent le rôle de cette lipase dans la formation de la plaque d'athérome. La plaque stable est caractérisée par un petit noyau lipidique et une chape fibreuse riche en CML mais pauvre en cellules inflammatoires, par contre, une lésion avec un important noyau lipidique et une chape fibreuse contenant un nombre réduit de CML, mais qui est riche en cellules inflammatoires, devient vulnérable et sujette à la rupture [Richardson *et al.*, 1989]. Ainsi, la reconnaissance du rôle stabilisateur des CML dans la plaque a conduit à abandonner l'idée d'agir sur la plaque en inhibant la prolifération de ces cellules [Leskinen *et al.*, 2003].

2. Implication de la BSDL pancréatique dans l'angiogenèse

La détection de la BSDL au niveau de la plaque d'athérome, suggère que son effet prolifératif sur les CML a lieu seulement en conditions pathologiques (inflammation ou altération de l'endothélium vasculaire). Il était donc fondamental de poursuivre l'étude des cibles cellulaires de la BSDL circulante au niveau de la paroi vasculaire afin de comprendre leurs interactions. Les cellules endothéliales sont les premières cellules, au niveau de la paroi vasculaire, à être impliquées dans le processus d'athérogenèse. En effet, l'activation excessive ou chronique de ces cellules aboutit à leurs dé-régulations et les amène à un état fonctionnellement inadapté dans lequel elles participent activement au développement de pathologies à composante inflammatoire telles que l'athérogenèse [Busse et Fleming, 1996]. Dans ce contexte, on a jugé utile de définir le rôle que pourrait exercer la BSDL sur les cellules endothéliales, pour cela, les HUVEC ont été choisies comme modèle cellulaire.

Dans un premier temps, nous avons montré que, *in vivo*, la BSDL circulante interagit avec les cellules endothéliales en se fixant le long de la paroi vasculaire. *In vitro*, la BSDL stimule la prolifération et la migration chimiotactique des HUVEC, ces effets sont significatifs aux concentrations de BSDL retrouvées dans la circulation (100 mU/ml) [Lombardo *et al.*, 1993; Caillol *et al.*, 1997].

Les résultats obtenus indiquent également que la BSDL est capable d'activer le processus de réparation de la blessure. En effet, en présence de la concentration sérique de l'enzyme, la motilité des HUVEC est augmentée indépendamment de la synthèse protéique.

La stimulation à la fois de la prolifération et de la migration des HUVEC par la BSDL, suggère un rôle promoteur de l'enzyme sur l'activité angiogène de ces cellules. En présence de la concentration sérique mitogène de la BSDL (100 mU/ml), les HUVEC présentent des changements morphologiques et des réarrangements structuraux donnant naissance à des tubes capillaires.

Dans un deuxième temps, nous nous sommes intéressés aux mécanismes d'action de la BSDL dans le processus de prolifération et de migration des HUVEC. Nous avons mentionné précédemment que la BSDL est susceptible de promouvoir, dans les CML en culture, la libération du b-FGF et l'activation des MAP Kinases, qui sont classiquement associées au processus de prolifération cellulaire [Bansal *et al.*, 2003]. En se basant sur ces résultats, l'effet mitogène de la BSDL sur les HUVEC pourrait également être lié à l'activation des voies de signalisation intracellulaire par les facteurs de croissances endothéliaux. Le pré-traitement des HUVEC avec l'héparinase III, en présence des anticorps spécifiques du b-FGF et du VEGF, inhibe l'effet prolifératif de la BSDL sur les HUVEC, suggérant ainsi que l'enzyme agit en libérant les facteurs de croissance des membranes cellulaires ou de la MEC. Ces résultats sont confirmés par les expériences indiquant que la BSDL est susceptible de déplacer les facteurs de croissance radiomarqués ($[^{125}I]$-b-FGF et $[^{125}I]$-VEGF) de la MEC.

L'ensemble de ces effets caractéristiques de l'angiogenèse dépend de l'activité ou de la conformation enzymatique. La nécessité d'une BSDL active est encore sujet à débat, en effet, l'utilisation du Way-121,898 qui est un inhibiteur spécifique dirigé contre le site catalytique annule les effets attribués à l'enzyme sur les cellules HUVEC. La BSDL inactivée par cet inhibiteur ou par la chaleur semble avoir perdu sa capacité à interagir correctement avec les membranes des HUVEC empêchant ainsi le déplacement des facteurs de croissance depuis la MEC. De plus, en présence d'un dépôt minimal de MEC, impliquant un réservoir pauvre en facteur de croissance, la BSDL est incapable d'induire la prolifération des HUVEC. Ceci élimine une éventuelle implication de l'hydrolyse des lipides cellulaires et la production de seconds messagers par l'enzyme. D'ailleurs, il est à noter que les sels biliaires susceptibles d'activer la BSDL sont absents dans toutes les incubations. Tous ces éléments suggèrent que les effets de la BSDL requièrent une forme structurelle active plutôt qu'une activité hydrolytique de l'enzyme. La captation de la BSDL par les HUVEC serait, soit un phénomène spécifique à cette lignée cellulaire, soit une voie de clairance de la BSDL sérique. Cependant, le rôle de cette capture reste à définir.

Ainsi, les effets de la BSDL semblent essentiellement associés au déplacement des facteurs de croissance depuis la MEC. Le b-FGF et le VEGF sont des facteurs de croissance séquestrés dans la MEC par des liaisons avec l'héparine [Rusnati et Presta, 1996; Ferrara et Davis-Smyth, 1997]. La BSDL, se fixant également à l'héparine [Bosner *et al.*, 1988], pourrait, grâce à sa forte affinité pour les héparanes sulfates de la membrane, déplacer par compétition les facteurs de croissance de la MEC. Cette hypothèse est confortée du fait que la dégradation de la MEC par la BSDL ne peut être envisagée, étant donné qu'aucune activité protéolytique, glycolytique, ou de type héparinase n'est attribuée à cette enzyme [Lombardo, 2001]. Néanmoins, la BSDL doit avoir une conformation correcte afin d'assurer la validité de ses sites de fixation à l'héparine et permettre ainsi la libération des facteurs de croissance depuis MEC.

La BSDL est donc susceptible d'induire la libération des facteurs de croissance de la MEC, puis l'enzyme active la voie ERK1/ERK2 des MAP kinases, la p38 MAP Kinase et la FAK. En général, l'activation de la voie de signalisation des ERK1/ERK2 est à l'origine de la prolifération, la migration et la survie cellulaires [Cowan et Storey, 2003], tandis que la p38 joue un rôle essentiel dans la régulation de la croissance cellulaire, la différenciation [Ono et Han, 2000] et la perméabilité vasculaire [Dvorak *et al.*, 1995]. Cette dernière, stimulée généralement par le VEGF, représente une étape cruciale dans l'initiation de l'angiogenèse [Lickens *et al.*, 2001]. Ces différents rôles attribués aux voies de signalisation intracellulaire décrites, dans le cas du b-FGF et du VEGF, affectent la fonctionnalité et la maturation cellulaires de manière distincte [Giavazzi *et al.*, 2003]. La BSDL active également la voie de la FAK qui est responsable de la régulation des changements dynamiques essentiels à la migration cellulaire [Avraham *et al.*, 2003].

Il semble donc, que suite à son interaction avec la MEC, probablement au niveau de des lésions vasculaires comme la plaque d'athérome, et le déplacement des facteurs de croissance, la BSDL circulante est capable d'activer de multiples voies de signalisation intracellulaire des cellules musculaires lisses et des cellules endothéliales.

Ces éléments expérimentaux indiquent, pour la première fois, que la BSDL circulante est impliquée dans les différentes étapes de l'angiogenèse au niveau de l'endothélium vasculaire. Ceci pourrait expliquer la présence de cette protéine dans la plaque d'athérome, et ses effets *in vitro* sur la formation des tubes capillaires, la réparation de la blessure, la prolifération et la migration des CML et des HUVEC.

Consécutivement à la lésion vasculaire, la rétention sub-endothéliale des LDL constitue l'évènement initial de l'athérogenèse [Boren et al., 2000]. Dans le sang la BSDL est associée aux LDL et son taux est corrélé à celui du cholestérol LDL [Caillol et al., 1997]. Une fois l'intima vasculaire atteint, la BSDL associée aux LDL oxydées pourrait exercer un effet protecteur en hydrolysant les lysoPC [Shamir et al., 1996]. Cette hydrolyse pourrait ainsi moduler les effets négatifs des lysoPC sur l'attraction et la croissance des monocytes-macrophages [Sakai et al., 1996], sur la réduction des cytokines [Liu-Wu et al., 1998] et sur l'apoptose des cellules endothéliales [Takahashi et al., 2002]. En outre, la BSDL, qui provoque la prolifération et la migration des cellules musculaires lisses et des cellules endothéliales, pourrait ainsi empêcher les effets délétères des lysoPC sur ces cellules, stabiliser la plaque et maintenir l'intégrité artérielle [Chaudhuri et al., 2003; Chai et al., 2002]. À ces effets positifs pourrait s'ajouter également l'implication de la BSDL dans la clairance hépatique en cholestérol HDL [Camarota et al., 2004]. La BSDL pourrait avoir un effet négatif, notamment, sur la structure des LDL (voir chapitre introduction) [Brodt-Eppley et al., 1995]. Cependant l'absence de sels biliaires ne permet pas de soutenir cette hypothèse. Notons que l'activité lysophospholipase de la BSDL, contrairement à ses activités lipase et cholestérol estérase, ne nécessite pas la présence de sels biliaires activateurs.

3. Mise en évidence des effets de la BSDL circulante sur la prolifération et la migration des HUVEC dans le cas du diabète de type I

Les cellules endothéliales exposées à l'hyperglycémie ont une apoptose augmentée, ainsi que des défauts de prolifération et d'entrée dans le cycle cellulaire. Ces altérations cellulaires sont toutes susceptibles de participer aux anomalies de l'angiogenèse observées chez les diabétiques [Brownlee, 2001]. Plusieurs modèles de diabète décrivent une angiogenèse déficiente, qui contribue aux altérations de phénomènes physiologiques tels que la cicatrisation et la revascularisation [Martin et *al.*, 2003]. Il n'est donc pas surprenant que la stimulation *in vitro* de l'angiogenèse et de la réparation de la blessure par la BSDL soit inhibée par la présence, dans le sang des patients atteints de diabète, d'auto-anticorps circulants dirigés contre la BSDL [Panicot *et al.*, 1999b]. Les résultats obtenus indiquent une inhibition, de la prolifération et de la migration, par les IgGs plasmatiques dirigées contre la BSDL. Cette inhibition est proportionnelle à la concentration sérique de ces auto-anticorps, suggérant ainsi que la balance délicate régulant l'angiogenèse et la réparation tissulaire, suite à une altération endothéliale, pourrait être perturbée par un taux élevé d'anticorps circulants dirigés contre la BSDL dans le cas du diabète [Panicot *et al.*, 1999b] Ceci n'élimine pas d'autres facteurs [Martin *et al.*, 2003]. Dans ce contexte, des expériences sont actuellement en cours afin de déterminer le lien entre la présence d'auto-anticorps circulants dirigés contre la BSDL et différentes pathologies liées au dysfonctionnement de l'endothélium vasculaire observé chez les diabétiques (rétinopathie, néphropathies...etc.).

L'entrée de la BSDL pancréatique dans la circulation sanguine, *via* la transcytose intestinale, semble être à l'origine de son effet stimulant sur les différentes étapes de l'angiogenèse *in vitro*. La BSDL, en activant la prolifération ainsi que la migration des cellules musculaires lisses et des cellules endothéliales, pourrait être impliquée dans le maintien de l'intégrité vasculaire. Cet effet physiologique peut être, lors d'un déséquilibre fonctionnel (inflammation, hyperlipidémie, néoplasie...), doublé par des effets pathologiques. Ceux-ci peuvent être principalement de deux ordres avec, d'une part, l'implication possible de la BSDL dans la formation de la plaque d'athérome, et d'autre part, la libération de facteurs angiogènes (b-FGF et VEGF). Un effet pervers de la BSDL circulante pourrait être une participation directe à la néo-angiogenèse tumorale et par voie de conséquence au développement des tumeurs [Folkman et Kalluri, 2004]. Il est évident que de plus amples études sont nécessaires pour comprendre le rôle exact de la BSDL circulante.

Bibliographie

Abouakil N., Mas E., Bruneau N., Benajiba A., Lombardo D. 1993. Bile salt-dependent lipase biosynthesis in rat pancreatic AR 4-2 J cells. Essential requirement of N-linked oligosaccharide for secretion and expression of a fully active enzyme, *J. Biol. Chem.,* **268**, 25755-25763.

Albers G.H., Escribano M.J., Gonzalez M., Mulliez N., Nap M. 1987. Fetoacinar pancreatic protein in the developing human pancreas, *Differentiation*, **34**, 210-215.

Andrieu N., Salvayre R., Levade T. 1994. Evidence against involvement of the acid lysosomal sphingomyelinase in the tumor-necrosis-factor- and interleukin-1-induced sphingomyelin cycle and cell proliferation in human fibroblasts, *Biochem. J.,* **303**, 341-345.

Angelin B., Bjorkhem I., Erinarsson K., Ewerth S. 1982. Hepatic uptake of bile acids in man, *J. Clin. Invest.,* **70**, 724-731.

Aubert E., Sbarra V., Le Petit-Thevenin J., Valette A., Lombardo D. 2002. Site-directed mutagenesis of the basic N-terminal cluster of pancreatic bile salt-dependent lipase. Functional significance, *J. Biol. Chem.*, **277**, 34987-34996.

Aubert-Jousset E., Sbarra V., Lombardo D. 2004a. Site-directed mutagenesis of the distal basic cluster of pancreatic bile salt-dependent lipase, *J. Biol. Chem.*, **279**, 39697-704.

Aubert-Jousset E., Garmy N., Sbarra V., Fantini J., Sadoulet M.O., Lombardo D. 2004b. The combinatorial extension method reveals a sphingolipid binding domain on pancreatic bile salt-dependent lipase: role in secretion, *Structure*, **8**, 1437-1447.

Auge N., Andrieu N., Negre-Salvayre A., Thiers J.C., Levade T., Salvayre R. 1996. The sphingomyelin-ceramide signaling pathway is involved in oxidized low density lipoprotein-induced cell proliferation, *J. Biol. Chem.*, **271**, 19251-19255.

Auge N., Escargueil-Blanc I., Lajoie-Mazenc I., Suc I., Andrieu-Abadie N., Pieraggi M.T., Chatelut M., Thiers J.C., Jaffrezou J.P., Laurent G., Levade T., Negre-Salvayre A., Salvayre R. 1998. Potential role for ceramide in mitogen-activated protein kinase activation and proliferation of vascular smooth muscle cells induced by oxidized low density lipoprotein, *J. Biol. Chem.*, **273**, 12893-12900.

Auge N., Nikolova-Karakashian M., Carpentier S., Parthasarathy S., Negre-Salvayre A., Salvayre R., Merrill A.H. Jr., Levade T. 1999. Role of sphingosine 1-phosphate in the mitogenesis induced by oxidized low density lipoprotein in smooth muscle cells via activation of sphingomyelinase, ceramidase, and sphingosine kinase. *J. Biol. Chem.*, **274**, 21533-21538.

Avraham H.K., Lee T.H., Koh Y., Kim T.A., Jiang S., Sussman M., Samarel A.M., Avraham S. 2003. Vascular endothelial growth factor regulates focal adhesion assembly in human brain microvascular endothelial cells through activation of the focal adhesion kinase and related adhesion focal tyrosine kinase, *J. Biol. Chem.*, **278**, 36661-36668.

Baba T., Downs D., Jackson K.W, Tang J., Wang C.S. 1991. Structure of human milk bile salt activated lipase, *Biochemistry,* **30,** 500-510.

Bansal R., Magge S., Winkler S. 2003. Specific inhibitor of FGF receptor signaling: FGF-2-mediated effects on proliferation, differentiation and MAPK activation are inhibited by PD173074 in oligodendrocyte-lineage cells, *J. Neurosci. Res.*, **74** : 486-493.

Bauters C., Six I, Meurice T., Van Belle E. 1999. Growth factors and endothelial dysfunction. *Drugs,* **58,** 11-15.

Benezra M., Ishai-Michaeli R., Ben-Sasson S.A., Vlodavsky I. 2002. Structure-activity relationships of heparin-mimicking compounds in induction of bFGF release from extracellular matrix and inhibition of smooth muscle cell proliferation and heparanase activity, *J Cell Physiol.,* **192,** 276-285.

Bergers G., Benjamin L.E. 2003. Tumorigenesis and the angiogenic switch, *Nat. Rev. Cancer*, **6,** 401-410.

Betsholtz C., Karlsson L., Lindahl P. 2001. Developmental roles of platelet-derived growth factors, *Bioessays,* **23,** 494-507.

Bläckberg L., Hernell O. 1993. Bile salt-stimulated lipase in human milk. Evidence that bile salt induces lipid binding and activation via binding to different sites, *FEBS Lett.*, **323,** 207-210.

Blind P.J., Blackberg L., Hernell O., Ljungberg B. 1987. Carboxylic ester hydrolase: a serum marker of acute pancreatitis, *Pancreas,* **2,** 597-603.

Blind P.J., Buchler M., Blackberg L., Andersson Y., Uhl W., Beger H.G., Hernell O. 1991. Carboxylic ester hydrolase. A sensitive serum marker and indicator of severity of acute pancreatitis. *Int. J. Pancreatol.,* **8,** 65-73.

Boehm-Viswanathan T. 2000. Is angiogenesis inhibition the Holy Grail of cancer therapy? *Curr. Opin. Oncol.,* **12,** 89-94.

Boren J., Gustafsson M., Skalen K., Flood C., Innerarity T.L. 2000. Role of extracellular retention of low density lipoproteins in atherosclerosis, *Curr. Opin. Lipidol.*, 11, 451-456.

Bosner M.S., Gulick T., Riley D.J., Spilburg C.A., Lange L.G. 1988. Receptor-like function of heparin in the binding and uptake of neutral lipids, *Proc. Natl. Acad. Sci. USA..,* **85,** 7438-7442.

Braunwald E. 1997. Cardiovascular medicine at the turn of the millennium: triumphs, concerns, and opportunities, *N. Engl. J. Med.,* **337,** 1360-1369.

Brodt-Eppley J., White P., Jenkins S., Hui D.Y. 1995. Plasma cholesterol esterase level is a determinant for an atherogenic lipoprotein profile in normolipidemic human subjects, *Biochim. Biophys. Acta.*, **1272,** 69-72.

Brownlee M. 2001. Biochemistry and molecular cell biology of diabetic complications, *Nature,* **414,** 813-820.

Bruneau N., Lombardo D. 1995. Chaperone function of a Grp 94-related protein for folding and transport of the pancreatic bile salt-dependent lipase, *J. Biol. Chem*, **270,** 13524-13533.

Bruneau N., de la Porte P.L., Sbarra V., Lombardo D. 1995. Association of bile-salt-dependent lipase with membranes of human pancreatic microsomes, *Eur. J. Biochem.*, **233,** 209-218.

Bruneau N., Nganga A., Fisher E.A., Lombardo D. 1997. O-Glycosylation of C-terminal tandem-repeated sequences regulates the secretion of rat pancreatic bile salt-dependent lipase, *J. Biol. Chem.*, **272,** 27353-27361.

Bruneau N., Lombardo D., Bendayan M. 1998. Participation of GRP94-related protein in secretion of pancreatic bile salt-dependent lipase and in its internalization by the intestinal epithelium, *J. Cell. Sci.* 111 : 2665-2679.

Bruneau N., Lombardo D., Levy E., Bendayan M. 2000. Roles of molecular chaperones in pancreatic secretion and their involvement in intestinal absorption, *Microsc. Res. Tech.,* **49,** 329-345.

Bruneau N., Nganga A., Bendayan M., Lombardo D. 2001. Transcytosis of pancreatic bile salt-dependent lipase through human Int407 intestinal cells, *Exp. Cell. Res.,* **271** : 94-108.

Bruneau N., Richard S., Silvy F., Vérine A., Lombardo D. 2003a. Lectin-like Ox-LDL receptor is expressed in human Int-407 intestinal cells : involvement in the transcytosis of pancreatic bile salt-dependent lipase, *Mol. Biol. Cell.*, **14,** 2861-2875.

Bruneau N., Bendayan M., Gingas D., Ghitescu L., Levy E., Lombardo D. 2003b. Circulating bile salt-dependent lipase originates from the pancreas via intestinal transcytosis, *Gastroenterol.*, **124,** 470-480.

Burke A.P., Kolodgie F.D., Farb A., Weber D., Virmani R. 2002. Morphological predictors of arterial remodeling in coronary atherosclerosis, *Circulation,* **105,** 297-303.

Burnette W.N. 1981."Western blotting": electrophoretic transfer of proteins from sodium dodecyl sulfate--polyacrylamide gels to unmodified nitrocellulose and radiographic detection with antibody and radioiodinated protein A, *Anal. Biochem.,* **112,** 195-203.

Busse R., Fleming I. 1996. Endothelial dysfunction in atherosclerosis, *J. Vasc. Res.,* **33,** 181-94.

Caillol N., Pasqualini E., Mas E., Valette A., Verine A., Lombardo D. 1997. Pancreatic bile salt dependent lipase activity in serum of normolipidemic patients, *Lipids,* **32,** 1147-1153.

Caillol N., Pasqualini E., Mas E., Guieu R., Valette A., Boyer J., Lombardo D. 1998. Pancreatic bile-salt-dependent lipase activity in serum of diabetic patients: is there a relationship with glycation? *Clin. Sci.,* **94,** 181-188.

Caillol N., Pasqualini E., Lloubes R., Lombardo D. 2000. Impairment of bile salt-dependent lipase secretion in human pancreatic tumoral SOJ-6 cells, *J. Cell. Biochem.,* **79,** 628-647.

Camarota L.M., Chapman J.M., Hui D.Y., Howles P.N. 2004. Carboxyl ester lipasecofractionates with scavenger receptor BI in hepatocyte lipid rafts and enhances selective uptake and hydrolysis of cholesteryl esters from HDL3, *J. Biol. Chem.,* **279,** 27599-27606.

Campbell C.B., McGuffie C., Powell L.W. 1975. The measurementof sulphated and non-sulphated bile acids in serum using gas liquid chromatography, *Clin. Chim. Acta.,* **63,** 249–262.

Cao Y. 2004. Antiangiogenic cancer therapy, *Cancer Biol.,* **14,** 139-145.

Carmeliet P. 2003. Angiogenesis in health and disease, *Nat. Med.,* **9,** 653-660.

Chai Y.C., Binion D.G., Chisolm G.M. 2000. Relationship of molecular structure to the mechanism of lysophospholipid-induced smooth muscle cell proliferation, *Am. J. Physiol. Heart. Circ. Physiol.,* **279,** 1830-1838.

Chai Y.C., Binion D.G., Macklis R., Chisolm G.M. 3rd. 2002. Smooth muscle cell proliferation induced by oxidized LDL-borne lysophosphatidylcholine. Evidence for FGF-2 release from cells not extracellular matrix, *Vascul. Pharmacol.*, **3**, 229-237.

Chaudhuri P., Colles S.M., Damron D.S., Graham L.M. 2003. Lysophosphatidylcholine inhibits endothelial cell migration by increasing intracellular calcium and activating calpain, *Arterioscler. Thromb. Vasc. Biol.*, **23**, 218-223.

Chisolm G.M. 3rd., Chai Y. 2000. Regulation of cell growth by oxidized LDL, *Free Radic. Biol. Med.*, **28**, 1697-1707.

Clairmont C.A., De Maio A., Hirschberg C.B. 1992. Translocation of ATP into the lumen of rough endoplasmic reticulum-derived vesicles and its binding to luminal proteins including BiP (GRP 78) and GRP 94, *J. Biol. Chem.*, **267**, 3983-3990.

Cohen S. 1997. EGF and its receptor: historical perspective. Introduction, *J. Mammary Gland Biol. Neoplasia,* **2**, 93–96.

Costarelli V., Sanders T.A. 2001. Acute effects of dietary fat composition on postprandial plasma bile acid and cholecystokinin concentrations in healthy premenopausal women, *Br. J. Nutr.*, **86**, 471-477.

Cowan K.J, Storey K.B. 2003. Mitogen-activated protein kinases: new signaling pathways functioning in cellular responses to environmental stress, *J. Exp. Biol.*, **206**, 1107-1115

Cushing S.D, Berliner J.A., Valente A.J., Territo M.C., Navab M., Parhami F., Gerrity R., Schwartz C.J., Fogelman A.M. 1990. Minimally modified low density lipoprotein induces monocyte chemotactic protein 1 in human endothelial cells and smooth muscle cells, *Proc. Natl. Acad. Sci. U S A.*, **87**, 5134-5138.

Daniel-Lamazière J.M., Lacolley P., Bézie Y., Challande P., Laurent S. 1997. Interactions cellule/matrice et propriétés des gros troncs artériels, *Médecine/Sciences,* **13**, 799-808.

Davies M.J. 1997. The composition of coronary-artery plaques, *N. Engl. J. Med.*, **336**, 1312-1314.

Davis R.J. 1993. The mitogen-activated protein kinase signal transduction pathway, *J. Biol. Chem.,* **268,** 14553-14556.

DiMagno E.P., Layer P., Clain J.E., *In*: V.L.W. Go, DiMagno E.P., Gardner J.D., Lebenthal E., Reber H.A., Scheele G.A. (Eds.), *The Pancreas: Biology, Pathobiology and Disease,* Raven Press, New York, 1993, pp. 665-706.

DiPersio L.P., Fontaine R.N. Hui D.Y. 1990. Identification of the active site serine in pancreatic cholesterol esterase by chemical modification and site-specific mutagenesis, *J. Biol. Chem.,* **265,** 16801-16806.

DiPersio L.P., Fontaine R.N., Hui D.Y. 1991. Site-specific mutagenesis of an essential histidine residue in pancreatic cholesterol esterase, *J. Biol. Chem.,* **266,** 4033-4036.

DiPersio L.P., Hui D.Y. 1993. Aspartic acid 320 is required for optimal activity of rat pancreatic cholesterol esterase, *J. Biol. Chem.,* **268,** 300-304.

DiPersio L.P., Carter C.P., Hui D.Y. 1994. Exon 11 of the rat cholesterol esterase gene encodes domains important for intracellular processing and bile salt-modulated activity of the protein, *Biochemistry,* **33,** 3442-3448.

Drixler T.A., Voest E.E., van Vroonhoven T.J., Rinkes I.H. 2000. Angiogenesis and surgery: from mice to man, *Eur. J. Surg.,* **166,** 435-46.

Dvorak H.F., Brown L.F., Detmar M., Dvorak A..M. 1995. Vascular permeability factor/vascular endothelial growth factor, microvascular hyperpermeability and angiogenesis, *Am. J. Pathol.* **146,** 1029-1039.

Ellis L.A., Hamosh M. 1992. Bile salt stimulated lipase: comparative studies in ferret milk and lactating mammary gland, *Lipids,* **27,** 917-922.

Erlanson C., Scand J. 1975. Purification, properties and substrate specificity of a carboxylesterase in pancreatic juice, *Scand. J. Gastroenterol.,* **10,** 401-408.

Escribano M.J., Imperial S. 1989. Purification and molecular characterization of FAP, a feto-acinar protein associated with the differentiation of human pancreas, *J. Biol. Chem.,* **264,** 21865-21871.

Fantl V., Creer A., Dillon C., Bresnick J., Jackson D., Edwards P., Rosewell I., Dickson C. 2000. Fibroblast growth factor signalling and cyclin D1 function are necessary for normal mammary gland development during pregnancy. A transgenic mouse approach, *Adv. Exp. Med. Biol.*, **480,** 1–7.

Fenster B.E., Tsao P.S., Rockson S.G. 2003. Endothelial dysfunction: clinical strategies for treating oxidant stress, *Am. Heart. J.,* **146,** 218-226.

Ferrara N., Davis-Smyth T. 1997. The biology of vascular endothelial growth factor. *Endoc. Rev.*, **18,** 4-25.

Ferrara N. 2000. Vascular endothelial growth factor and the regulation of angiogenesis, *Recent. Prog. Horm. Res.,* **55,** 15-35.

Ferrara N., Gerber H.P., Le Couter J. 2003. The biology of VEGF and its receptors, *Nat. Med.,* **9,** 669-676.

Finsterer J. 2003. Fibrate and statine myopathy, *Nervenarzt,* **74,** 115-122.

Folkman J. 1997. Angiogenesis and angiogenesis inhibition : an overview, *EXS.,* **79,**

Folkman J., Kalluri R. 2004. Cancer without disease, *Nature*, **427,** 787.

Fujii Y., Albers G.H., Carre-Llopis A., Escribano M.J. 1987. The diagnostic value of the fetoacinar pancreatic (FAP) protein in cancer of the pancreas; a comparative study with CA19/9, *Br. J. Cancer,* **56,** 495-500.

Fukuda M., Hiraoka N., Yeh J.C. 1999. C-type lectins and sialyl Lewis X oligosaccharides. Versatile roles in cell-cell interaction, *J. Cell .Biol.,* **147,** 467-470.

Gallo L.L., Treadwell C.R. 1963. Localization of cholesterol esterase and cholesterol in mucosal fractions of rat small intestine, *Proc. Soc. Exp. Biol. Med.*, **114,** 69-72.

Genest J.Jr., Cohn J.S. Epidemiological evidence linking plasma lipoprotein disorders to atherosclerosis and the diseases. *In* : Barter PJ, Rye KA. *Plasma lipids and their role in disease.* Taylor and Francis, London, 1999, 46-48.

Giavazzi R., Sennino B., Coltrini D., Garofalo A., Dossi R., Ronca R., Tosatti M.P., Presta M. 2003. Distinct role of fibroblast growth factor-2 and vascular endothelial growth factor on tumor growth and angiogenesis, *Am. J. Pathol.*, **162**, 1913-1926.

Gille H., Kowalski J., Li B., Le Couter J., Moffat B., Zioncheck T.F., Pelletier N., Ferrara N. 2001. Analysis of biological effects and signaling properties of Flt-1 (VEGFR-1) and KDR (VEGFR-2). A reassessment using novel receptor-specific vascular endothelial growth factor mutants, *J. Biol. Chem.*, **276**, 3222–3230.

Gjellesvik D.R., Lombardo D., Walther B.T. 1992. Pancreatic bile salt-dependent lipase from cod (Gadus morhua) purification and properties, *Biochim. Biophys. Acta.*, **1124**, 123-134.

Gjellesvik D.R, Lorens J.B., Male R. 1994. Pancreatic carboxylester lipase from Atlantic salmon (Salmo salar). cDNA sequence and computer-assisted modelling of tertiary structure, *Eur. J. Biochem.*, **226**, 603-612.

Goldstein J.L., Ho Y.K., Basu S.K., Brown M.S. 1979. Binding site on macrophages that mediates uptake and degradation of acetylated low density lipoprotein, producing massive cholesterol deposition, *Proc. Natl. Acad. Sci. U S A.*, **76**, 333-337.

Gonzales M., Weksler B., Tsuruta D., Goldman R.D., Yoon K.J., Hopkinson S.B., Flitney F.W., Jones J.C. 2001. Structure and function of a vimentin-associated matrix adhesion in endothelial cells, *Mol. Biol. Cell.*, **12**, 85-100.

Hannuksela M.L., Ramet M.E., Nissinen A.E., Liisanantti M.K., Savolainen M.J. 2004. Effects of ethanol on lipids and atherosclerosis, *Pathophysiology,* **10**, 93-103.

Hansson L., Blackberg L., Edlund M., Lundberg L., Stromqvist M., Hernell O. 1993. Recombinant human milk bile salt-stimulated lipase. Catalytic activity is retained in the absence of glycosylation and the unique proline-rich repeats, *J. Biol. Chem.*, **268**, 26692-26698.

Hartung G.H., Lawrence S.J., Reeves R.S., Foreyt J.P. 1993. Effect of alcohol and exercise on postprandial lipemia and triglyceride clearance in men, *Atherosclerosis,* **100,** 33-40.

Hata Y., Rook S.L, Aiello L.P. 1999. Basic fibroblast growth factor induces expression of VEGF receptor KDR through a protein kinase C and p44/p42 mitogen-activated protein kinase-dependent pathway, *Diabetes.,* **8,** 1145-1155.

Holtsberg F.W., Ozgur L.E., Garsetti D.E., Myers J., Egan R.W., Clark M.A. 1995. Presence in human eosinophils of a lysophospholipase similar to that found in the pancreas, *Biochem. J.,* **309,** 141-144.

Howles P.N., Carter C.P., Hui D.Y. 1996. Dietary free and esterified cholesterol absorption in cholesterol esterase (bile salt-stimulated lipase) gene-targeted mice, *J. Biol. Chem.,* **271,** 7196-7202.

Huang Y., Hui D.Y. 1991. Cholesterol esterase biosynthesis in rat pancreatic AR42J cells. Post-transcriptional activation by gastric hormones, *J. Biol. Chem.,* **266,** 6720-6725.

Huang Y., Hui D.Y. 1994. Increased cholesterol esterase level by cholesterol loading of rat pancreatoma cells, *Biochim. Biophys. Acta.,* **1214,** 317-322.

Hui D.Y., Howles P.N. 2002. Carboxyl ester lipase: structure-function relationship and physiological role in lipoprotein metabolism and atherosclerosis, *J Lipid Res.,* **43,** 2017-2030.

Hui D.Y., Hayakawa K., Oizumi J. 1993. Lipoamidase activity in normal and mutagenized pancreatic cholesterol esterase (bile salt-stimulated lipase), *Biochem. J.,* **291,** 65-69.

Hunter T. 1996. Tyrosine phosphorylation: past, present and future, *Biochem. Soc. Trans.,* **24,** 307-327.

Ivandic B., de Beer F.C., de Beer M.C., Castellani L., Leitinger N., Hama S.Y., Lee J., Wang X.P., Navab M., Fogelman A.M., Lusis A.J. 1996. Transgenic mice overexpressing secretory phospholipase A2 develop markedly increased aortic fatty streak lesions, *Circulation,* **94,** 1-152.

Ivandic B., Castellani L.W., Wang X.P., Qiao J.H., Mehrabian M., Navab M., Fogelman A.M., Grass D.S., Swanson M.E., de Beer M.C., de Beer F., Lusis A.J. 1999. Role of Group II secretory phospholipase A2 in atherosclerosis. 1. Increased atherogenesis and altered lipoproteins in transgenic mice expressing group IIa phospholipase A2, *Arterioscler. Thromb. Vasc. Biol.,* **19,** 1284–1290.

Jacob M.P., Badier-Commander C., Fontaine V., Benazzoug Y., Feldman L., Michel J.B. 2001. Extracellular matrix remodeling in the vascular wall, *Pathol. Biol.,* **49,** 326-332.

Jain R.K. 2003. Molecular regulation of vessel maturation, *Nat. Med.,* **9,** 685-693.

Jurgens G., Chen Q., Esterbauer H., Mair S., Ledinski G., Dinges H.P. 1993. Immunostaining of human autopsy aortas with antibodies to modified apolipoprotein B and apoprotein(a). *Arterioscler. Thromb.,* **13,** 1689-1699.

Kannius-Janson M., Lidberg U., Hulten K., Gritli-Linde A., Bjursell G., Nilsson J. 1998. Studies of the regulation of the mouse carboxyl ester lipase gene in mammary gland, *Biochem. J.,* **336,** 577-585.

Khan B.V., Parthasarathy S.S., Alexander R.W., Medford R.M. 1995. Modified low density lipoprotein and its constituents augment cytokine-activated vascular cell adhesion molecule-1 gene expression in human vascular endothelial cells, *J. Clin. Invest.,* **95,** 1262-7120.

Kirby R.J., Zheng S., Tso P., Howles P.N., Hui D.Y. 2002. Bile salt-stimulated carboxyl ester lipase influences lipoprotein assembly and secretion in intestine. A process mediated via ceramide hydrolysis, *J. Biol. Chem.,* **277,** 4104–4109.

Kissel J.A., Fontaine R.N., Turck C.W., Brockman H.L., Hui D.Y. 1989. Molecular cloning and expression of cDNA for rat pancreatic cholesterol esterase, *Biochim. Biophys. Acta.,* **1006,** 227-236.

Kitamoto S., Egashira K. 2004. Endothelial dysfunction and coronary atherosclerosis. *Curr. Drug. Targets Cardiovasc. Haematol. Disord*, **4,** 13-22.

Klouche M., Rose-John S., Schmiedt W., Bhakdi S. 2000. Enzymatically degraded, nonoxidized LDL induces human vascular smooth muscle cell activation, foam cell transformation, and proliferation, *Circulation,* **101,** 1799-1805.

Krause B.R., Sliskovic D.R., Anderson M., Homan R. 1998. Lipid-lowering effects of Way-121, 898, an inhibitor of pancreatic cholesteryl ester hydrolase, *Lipids*, **33,** 489-498.

Krauss R.M. 1994. Heterogeneity of plasma low-density lipoproteins and atherosclerosis risk, *Curr. Opin. Lipidol.,* **5,** 339-349.

Kruse F., Rose S.D., Swift G.H., Hammer R.E., MacDonald R.J. 1995. Cooperation between elements of an organ-specific transcriptional enhancer in animals, *Mol. Cell. Biol.,* **15,** 4385-4394.

Kugiyama K., Kerns S.A., Morrisett J.D., Roberts R., Henry P.D. 1990. Impairment of endothelium-dependent arterial relaxation by lysolecithin in modified low-density lipoproteins, *Nature,* **344,** 160-162.

Kumar B.V., Aleman-Gomez J.A., Colwell N., Lopez-Candales A., Bosner M.S., Spilburg C.A., Lowe M., Lange L.G. 1992. Structure of the human pancreatic cholesterol esterase gene, *Biochemistry,* **31,** 6077-6081.

Kumar V.B., Sasser T., Mandava J.B., al Sadi H., Spilburg C. 1997. Identification of 5' flanking sequences that affect human pancreatic cholesterol esterase gene expression, *Biochem. Cell. Biol.*, **75,** 247-254.

Kume N., Cybulsky M.I., Gimbrone M.A. Jr. 1992. Lysophosphatidylcholine, a component of atherogenic lipoproteins, induces mononuclear leukocyte adhesion molecules in cultured human and rabbit arterial endothelial cells, *J. Clin. Invest.,* **90,** 1138-1144.

Kume K., Satomura K., Nishosho S., Kitaoka N., Yamanouchi K., Tobiume S., Nagayama M. 2002. Potential role of leptin in endochondral ossification. *J. Histochem. Cytochem.,* **50** : 159-169.

Laemmli U.K. 1970. Cleavage of structural proteins during the assembly of the head of bacteriophage T4, *Nature,* **227,** 680-685

Landberg E., Pahlsson P., Krotkiewski H., Stromqvist M., Hansson L., Lundblad A. 1997. Glycosylation of bile-salt-stimulated lipase from human milk : comparison of native and recombinant forms, *Arch. Biochem. Biophys.,* **344,** 94-102.

Lander A.D., Selleck S.B. 2000. The elusive functions of proteoglycans: in vivo veritas, *J. Cell. Biol.,* **148,** 227-232.

Lechêne de la Porte P., Abouakil N., Lafont H., Lombardo D. 1987. Subcellular localization of cholesterol ester hydrolase in the human intestine, *Biochim. Biophys. Acta.,* **920,** 237-246.

Lee R.T., Yamamoto C., Feng Y., Potter-Perigo S., Briggs W.H., Landschulz K.T., Turi T.G., Thompson J.F., Libby P., Wight T.N. 2001. Mechanical strain induces specific changes in the synthesis and organization of proteoglycans by vascular smooth muscle cells, *J. Biol. Chem.,* **276,** 13847-13851.

Le Petit-Thevenin J., Bruneau N., Nobili O., Lombardo D., Verine A. 1998. An intracellular role for pancreatic bile salt-dependent lipase: evidence for modification of lipid turnover in transfected CHO cells, *Biochim. Biophys. Acta.,* **1393,** 307-316.

Le Petit-Thevenin J., Verine A., Nganga A., Nobili O., Lombardo D., Bruneau N. 2001. Impairment of bile salt-dependent lipase secretion in AR4-2J rat pancreatic cells induces its degradation by the proteasome, *Biochim. Biophys. Acta.,* **1530,** 184-198.

Leskinen M.J., Kovanen P.T., Lindstedt K.A. 2003. Regulation of smooth muscle cell growth, function and death in vitro by activated mast cells--a potential mechanism for the weakening and rupture of atherosclerotic plaques, *Biochem. Pharmacol.,* **66,** 1493-1498.

Li F., Hui D.Y. 1997 Modified low density lipoprotein enhances the secretion of bile salt-stimulated cholesterol esterase by human monocyte-macrophages. *J. Biol. Chem.,* **272,** 28666-28671.

Li F., Hui D.Y. 1998. Synthesis and secretion of the pancreatic-type carboxyl ester lipase by human endothelial cells, *Biochem. J.,* **29,** 675-679.

Li F., Huang Y., Hui D.Y. 1996. Bile salt stimulated cholesterol esterase increases uptake of high density lipoprotein-associated cholesteryl esters by HepG2 cells, *Biochemistry,* **35,** 6657-6663.

Li J., Zhang Y.P., Kirsner R.S. 2003. Angiogenesis in wound repair: Angiogenic growth factors and the extracellular matrix, *Microsc. Res. Tech.,* **60,** 107–114.

Libby P. 2002. Inflammation in atherosclerosis, *Nature,* **420,** 868-874.

Lidberg U., Kannius-Janson M., Nilsson J., Bjursell G. 1998. Transcriptional regulation of the human carboxyl ester lipase gene in exocrine pancreas. Evidence for a uniquetissue-specific enhancer, *J. Biol. Chem.,* **273,** 31417-31426.

Lidmer A.S., Kannius M., Lundberg L., Bjursell G., Nilsson J. 1995. Molecular cloning and characterization of the mouse carboxyl ester lipase gene and evidence for expression in the lactating mammary gland, *Genomics,* **29,** 115-122.

Liekens S., De Clercq E., Neyts J. 2001. Angiogenesis: regulators and clinical applications. *Biochem. Pharmacol.,* **61,** 253-270.

Liu-Wu Y., Hurt-Camejo E., Wiklund O. 1998. Lysophosphatidylcholine induces the production of IL-1beta by human monocytes, *Atherosclerosis,* **137,** 351-357.

Lombardo D., Guy O., Figarella C. 1978. Purification and characterization of a carboxyl ester hydrolase from human pancreatic juice, *Biochim. Biophys. Acta.,* **527,** 142-149.

Lombardo D., Fauvel J., Guy O. 1980. Studies on the substrate specificity of a carboxyl ester hydrolase from human pancreatic juice. I. Action on carboxylesters glycerides and phospholipids, *Biochim. Biophys. Acta.,* **611,** 136-146.

Lombardo D., Guy O. 1980. Studies on the substrate specificity of a carboxyl ester hydrolase from human pancreatic juice. II. Action on cholesterol esters and lipid-soluble vitamin esters, *Biochim Biophys. Acta.,* **611,** 147-155.

Lombardo D. 1982. Catalytic properties of modified human pancreatic carboxylic-ester hydrolase, *Biochim. Biophys. Acta.,* **700**, 75-80.

Lombardo D., Campese D., Multigner L., Lafont H., De Caro A. 1983. On the probable involvement of arginine residues in the bile-salt-binding site of human pancreatic carboxylic ester hydrolase, *Eur. J. Biochem.,* **133**, 327-333.

Lombardo D., Montalto G., Roudani S., Mas E., Laugier R., Sbarra V., Abouakil N. 1993. Is bile salt-dependent lipase concentration in serum of any help in pancreatic cancer diagnosis ? *Pancreas,* **8,** 581-588.

Lombardo D. 2001. Bile salt-dependent lipase : its pathophysiological implications. *Biochim. Biophys. Acta.*, **1533**, 1-28.

Loomes K.M., Senior H.E., West P.M., Roberton A.M. 1999. Functional protective role for mucin glycosylated repetitive domains, *Eur. J. Biochem.,* **266,** 105-11.

Lopez-Candales A., Bosner M.S., Spilburg C.A., Lange L.G. 1993. Cholesterol transport function of pancreatic cholesterol esterase: directed sterol uptake and esterification in enterocytes. *Biochemistry,* **32**, 12085-12089.

Lopez-Candales A., Grosjlos J., Sasser T., Buddhiraju C., Scherrer D., Lange L.G., Kumar V.B. 1996. Dietary induction of pancreatic cholesterol esterase : a regulatory cycle for the intestinal absorption of cholesterol, *Biochem. Cell. Biol.,* 74, 257-264.

Lu G., Morinelli T.A., Meier K.E., Rosenzweig S.A., Egan B.M. 1996. Oleic acid-induced mitogenic signaling in vascular smooth muscle cells. A role for protein kinase C. *Circulation. Res.,* **79,** 611-619.

Lusis A. J. 2000. Atherosclerosis, *Nature,* **407,** 233-241.

Lyden D., Hattori K., Dias S., Costa C., Blaikie P., Butros L., Chadburn A., Heissig B., Marks W., Witte L., Wu Y., Hicklin D., Zhu Z., Hackett N.R., Crystal R.G., Moore M.A., Hajjar K.A., Manova K., Benezra R., Rafii S. 2001. Impaired recruitment of bone-marrow-derived endothelial and hematopoietic precursor cells blocks tumor angiogenesis and growth, *Nat. Med.,* **7**, 1194-1201.

Madeyski K., Lidberg U., Bjursell G., Nilsson J. 1998. Structure and organization of the human carboxyl ester lipase locus, *Mamm. Genome*, 9, 334-338.

Madeyski K., Lidberg U., Bjursell G., Nilsson J. 1999. Characterization of the gorilla carboxyl ester lipase locus, and the appearance of the carboxyl ester lipase pseudogene during primate evolution, *Gene*, **239,** 273-82.

Martin A., Komada M.R., Sane D.C. 2003. Abnormal angiogenesis in diabetes mellitus. *Med. Res. Rev.*, **23,** 117-145.

Mas E., Abouakil N., Roudani S., Miralles F., Guy-Crotte O., Figarella C., Escribano M.J., Lombardo D. 1993. Human fetoacinar pancreatic protein : an oncofetal glycoform of the normally secreted pancreatic bile-salt-dependent lipase, *Biochem. J.*, **289,** 609-615.

Medalion B., Merin G., Aingorn H., Miao H.Q., Nagler A., Elami A., Ishai-Michaeli R., Vlodavsky I. 1997. Endogenous basic fibroblast growth factor displaced by heparin from the luminal surface of human blood vessel is preferentially sequestered by injured regions of the vessel wall, *Circulation,* **95,** 1853-1862.

Mendelsohn J., Baselga J. 2000. The EGF receptor family as targets for cancer therapy, *Oncogene,* **19,** 6550-6565.

Miralles F., Langa F., Mazo A., Escribano M.J. 1993. Retention of the fetoacinar pancreatic (FAP) protein to the endoplasmic reticulum of tumor cells, *Eur. J. Cell. Biol.,* **60,** 115-121.

Myers-Payne S.C., Hui D.Y., Brockman H.L., Schroeder F. 1995. Cholesterol Esterase: A Cholesterol Transfer Protein? *Biochemistry,* **34,** 3942-3947.

Momsen W.E., Brockman H.L. 1977. Purification and characterization of cholesterol esterase from porcine pancreas, *Biochim. Biophys. Acta.,* **486,** 103-113.

Moore S.A., Kingston R.L., Loomes K.M., Hernell O., Blackberg L., Baker H.M., Baker E.N. 2001. The structure of truncated recombinant human bile salt-stimulated lipase reveals bile salt-independent conformational flexibility at the active-site loop and provides insights into heparin binding, *J. Mol. Biol.,* **312,** 511-523.

Morlock-Fitzpatrick K.R., Fisher E.A. 1995. The effects of O- and N-linked glycosylation on the secretion and bile salt-stimulation of pancreatic carboxyl ester lipase activity, *Proc. Soc. Exp. Biol. Med,* **208,**186-190.

Myler H.A., West J.L. 2002. Heparanase and platelet factor-4 induce smooth muscle cell proliferation and migration via bFGF release from the ECM, *J. Biochem.*, **131,** 913-922.

Napoli C., D'Armiento F.P., Mancini F.P., Postiglione A., Witztum J.L., Palumbo G., Palinski W. 1997. Fatty streak formation occurs in human fetal aortas and is greatly enhanced by maternal hypercholesterolemia. Intimal accumulation of low density lipoprotein and its oxidation precede monocyte recruitment into early atherosclerotic lesions, *J. Clin. Invest.,* **100,** 2680-2690.

Neri L.M., Borgatti P., Capitani S., Martelli A.M. 1998. Nuclear diacylglycerol produced by phosphoinositide-specific phospholipase C is responsible for nuclear translocation of protein kinase C-alpha, *J. Biol. Chem.,* **273,** 29738-29744.

Nganga A., Bruneau N., Sbarra V., Lombardo D., Le Petit-Thevenin J. 2000. Control of pancreatic bile-salt-dependent-lipase secretion by the glucose-regulated protein of 94 kDa (Grp94), *Biochem. J.,* **352,** 865-874.

Nigon F., Lesnik P., Rouis M., Chapman M.J. 1991. Discrete subspecies of human low density lipoproteins are heterogeneous in their interaction with the cellular LDL receptor, *J. Lipid. Res.,* **32,** 1741-1753.

Oliveira H.C., Chouinard R.A., Agellon L.B., Bruce C., Ma L., Walsh A., Breslow J.L., Tall A.R. 1996. Human cholesteryl ester transfer protein gene proximal promoter contains dietary cholesterol positive responsive elements and mediates expression in small intestine and periphery while predominant liver and spleen expression is controlled by 5'-distal sequences. Cis-acting sequences mapped in transgenic mice, *J. Biol. Chem.,* **271,** 31831-31838.

Ono K., Han J. 2000. The p38 signal transduction pathway: activation and function. *Cell Signal*, **12**, 1-13.

Ornitz D.M. 2000. FGFs, heparan sulfate and FGFRs: complex interactions essential for development, *Bioessays*, **22**, 108-112.

Packard C.J. 1999. Understanding coronary heart disease as a consequence of defective regulation of apolipoprotein B metabolism, *Curr. Opin. Lipidol.,* **10**, 237-244.

Panicot L., Mas E., Pasqualini E., Zerfaoui M., Lombardo D., Sadoulet M.O., El Battari A. 1999a. The formation of the oncofetal J28 glycotope involves core-2 beta6-N-acetylglucosaminyltransferase and alpha3/4-fucosyltransferase activities, *Glycobiology,* **9**, 935-946.

Panicot L., Mas E., Thivolet C., Lombardo D. 1999b. Circulating antibodies against an exocrine pancreatic enzyme in type 1 diabetes, *Diabetes,* **48**, 2316-2323.

Panicot-Dubois L., Aubert M., Franceschi C., Mas E., Silvy F., Crotte C., Bernard J.P., Lombardo D., Sadoulet M.O. 2004. Monoclonal antibody 16D10 to the C-terminal domain of the feto-acinar pancreatic protein binds to membrane of human pancreatic tumoral SOJ-6 celles and inhibits the growth of tumor xenografts, *Néoplasia,* **6**, 713-24.

Parthasarathy S., Barnett J. 1990. Phospholipase A2 activity of low density lipoprotein: evidence for an intrinsic phospholipase A2 activity of apoprotein B-100, Proc. *Natl. Acad. Sci. U S A.,* **87**, 9741-9745.

Pasqualini E., Caillol N., Mas E., Bruneau N., Lexa D., Lombardo D. 1997. Association of bile-salt-dependent lipase with membranes of human pancreatic microsomes is under the control of ATP and phosphorylation, *Biochem. J.,* **327**, 527-535.

Pasqualini E., Caillol N., Valette A., Lloubes R., Verine A., Lombardo D. 2000. Phosphorylation of the rat pancreatic bile-salt-dependent lipase by casein kinase II is essential for secretion, *Biochem. J.,* **345**, 21-28.

Poredos P. 2002. Endothelial dysfunction and cardiovascular disease, *Pathophysiol. Haemost. Thromb.,* **32,** 274-277.

Portman O.W., Alexander M. 1969. Lysophosphatidylcholine concentrations and metabolism in aortic intima plus inner media: effect of nutritionally induced atherosclerosis, *J. Lipid. Res.,* **10,** 158-165.

Pownall H.J. 1994. Dietary ethanol is associated with reduced lipolysis of intestinally derived lipoproteins, *J. Lipid. Res.,* **35,** 2105-2113.

Quinn M.T., Parthasarathy S., Steinberg D. 1988. Lysophosphatidylcholine: a chemotactic factor for human monocytes and its potential role in atherogenesis, *Proc. Natl. Acad. Sci. U S A.,* **85,** 2805-2809.

Reber H.A., Adler G., Karanjia N., Widdison A., *In*: V.L.W. Go, DiMagno E.P., Gardner J.D., Lebenthal E., Reber H.A., Scheele G.A. (Eds.), *The Pancreas: Biology, Pathobiology and Disease, Raven Press, New York*, 1993, pp. 527-550.

Richardson P.D., Davies M.J., Born G.V. 1989. Influence of plaque configuration and stress distribution on fissuring of coronary atherosclerotic plaques, *Lancet,* **2,** 941-944.

Ross R. 1999. Atherosclerosis: an inflammatory disease, *N. Engl. J. Med.,* **340,** 115-126.

Ross R., Harker L. 1976. Hyperlipidemia and atherosclerosis, *Science*, **193,** 1094-1100.

Roudani S., Pasqualini E., Margotat A., Gastaldi M., Sbarra V., Malezet-Desmoulin C., Lombardo D. 1994. Expression of a 46 kDa protein in human pancreatic tumors and its possible relationship with the bile salt-dependent lipase, *Eur. J. Cell. Biol.,* **65,** 132-144.

Roudani S., Miralles F., Margotat A., Escribano M.J., Lombardo D. 1995. Related Articles, Protein, Nucleotide Bile salt-dependent lipase transcripts in human fetal tissues, *Biochim. Biophys. Acta.,* **1264,** 141-150.

Roux E., Strubin M., Hagenbuchle O., Wellauer P.K. 1989. The cell-specific transcription factor PTF1 contains two different subunits that interact with the DNA,

Genes Dev., **3,** 1613-1624.

Rusnati M., Presta M. 1996. Interaction of angiogenic basic fibroblast growth factor with endothelial cell heparan sulfate proteoglycans. Biological implications in neovascularization, *Int. J. Clin. Lab. Res.,* **26,** 15-23.

Sakai M., Miyazaki A., Hakamata H., Sasaki T., Yui S., Yamazaki M., Shichiri M., Horiuchi S. 1994. Lysophosphatidylcholine plays an essential role in the mitogenic effect of oxidized low density lipoprotein on murine macrophages, *J. Biol. Chem.,* **269,** 31430-31435.

Sakai M., Miyazaki A., Hakamata H., Kodama T., Suzuki H., Kobori S., Shichiri M., Horiuchi S. 1996. The scavenger receptor serves as a route for internalization of lysophosphatidylcholine in oxidized low density lipoprotein-induced macrophage proliferation, *J. Biol. Chem.,* **271,** 27346-27352.

Sawamura T., Kume N., Aoyama T., Moriwaki H., Hoshikawa H., Aiba Y., Tanaka T., Miwa S., Katsura Y., Kita T., Masaki T. 1997. An endothelial receptor for oxidized low-density lipoprotein, *Nature,* **386,** 73-77.

Sbarra V., Bruneau N., Mas E., Hamosh M., Lombardo D., Hamosh P. 1998. Molecular cloning of the bile salt-dependent lipase of ferret lactating mammary gland : an overview of functional residues, *Biochim. Biophys. Acta.,* **1393,** 80-89.

Schissel S.L., Tweedie-Hardman J., Rapp J.H., Graham G., Williams K.J., Tabas I. 1996. Rabbit aorta and human atherosclerotic lesions hydrolyze the sphingomyelin of retained low-density lipoprotein. Proposed role for arterial-wall sphingomyelinase in subendothelial retention and aggregation of atherogenic lipoproteins, *J. Clin. Invest.,* **98,** 1455-1464.

Segura I., Serrano A., De Buitrago G.G., Gonzales M.A., Abad J.L., Claveria C., Gomez L., Bernad A., Martinez-A C., and Riese H.H. 2002. Inhibition of programmed cell death impairs in vitro vascular-like structure formation and reduces in vivo angiogenesis, *FASEB J.,* **16,** 833-841.

Shamir R., Johnson W.J., Morlock-Fitzpatrick K., Zolfaghari R., Li L., Mas E., Lombardo D., Morel D.W., Fisher E.A. 1996. Pancreatic carboxyl ester lipase: a circulating enzyme that modifies normal and oxidized lipoproteins in vitro, *J. Clin. Invest.*, **97,** 1696-1704.

Southern E.M. 1975. Detection of specific sequences among DNA fragments separated gel electrophoresis, *J. Miol. Biol.,* **98,** 503-517.

Spilburg C.A., Cox D.G., Wang X., Bernat B.A., Bosner M.S., Lange L.G. 1995. Identification of a species specific regulatory site in human pancreatic cholesterol esterase, *Biochemistry,* **34,** 15532-15538.

Stary H.C., Chandler A.B., Dinsmore R.E., Fuster V., Glagov S., Insull W. Jr., Rosenfeld M.E., Schwartz C.J., Wagner W.D., Wissler R.W. 1995. A definition of advanced types of atherosclerotic lesions and a histological classification of atherosclerosis, *Circulation,* **92,** 1355-1374.

Steinberg D., Gotto A.M. Jr. 1999. Preventing coronary artery disease by lowering cholesterol levels: fifty years from bench to bedside, *JAMA.,* **282,** 2043-2050.

Sugo T., Mas E., Abouakil N., Endo T., Escribano M.J., Kobata A., Lombardo D. 1993. The structure of N-linked oligosaccharides of human pancreatic bile- salt-dependent lipase, *Eur. J. Biochem.*, **216,** 799-805.

Suhardja A., Hoffman H. 2003. Role of growth factors and their receptors in proliferation of microvascular endothelial cells, *Micro. Res. Tech.,* **60,** 70-75.

Szebenyi G., Fallon J.F. 1999. Fibroblast growth factors as multifunctional signaling factors, *Int. Rev. Cytol.,* 185, 45-106.

Takahashi M., Okazaki H., Ogata Y., Takeuchi K., Ikeda U., Shimada K. 2002. Lysophosphatidylcholine induces apoptosis in human endothelial cells through a p38-mitogen-activated protein kinase-dependent mechanism, *Atherosclerosis,* 161, 387-394.

Taylor A.K., Zambaux J.L., Klisak I., Mohandas T., Sparkes R.S., Schotz M.C., Lusis A.J. 1991. Carboxyl ester lipase: a highly polymorphic locus on human chromosome 9qter, *Genomics,* **10,** 425-431.

Tomanek R.J., Schatteman G.C. 2000. Angiogenesis: new insights and therapeutic potential. *Anat. Rec.,* 261, 126-135.

Traub O., Berk B.C. 1998. Laminar shear stress: mechanisms by which endothelial cells transduce an atheroprotective force, *Arterioscler. Thromb. Vasc. Biol.,* 18, 677-685.

Van der Bilt J.D., Borel Rinkes I.H. 2004. Surgery and angiogenesis, *Biochim. Biophys. Acta.,* **1654,** 95-104.

Van den Bosch H., Aarsman A.J, de Jong J.G., van Deenem L.L. 1973. Studies on lysophospholipases. I. Purification and some properties of a lysophospholipase from beef pancreas, *Biochim. Biophys. Acta.,* **296,** 94-104.

Verine A., Bruneau N., Valette A., Le Petit-Thevenin J., Pasqualini E., Lombardo D. 1999. Immunodetection and molecular cloning of a bile-salt-dependent lipase isoform in HepG2 cells, *Biochem. J.,* **342,** 179-187.

Verine A., Le Petit-Thevenin J., Panicot-Dubois L., Valette A., Lombardo D. 2001. Phosphorylation of the oncofetal variant of the human bile salt dependent lipase, *J. Biol. Chem.,* **276,** 12356-12361.

Virmani R., Burke A.P., Kolodgie F.D., Farb A. 2002. Vulnerable plaque: the pathology of unstable coronary lesions , *Interv. Cardiol.,* **15,** 439-446.

Wang C.S. 1988. Purification of carboxyl ester lipase from human pancreas and the amino acid sequence of the N-terminal region, *Biochem. Biophys. Res Commun.,* **155,** 950-955

Wang C.S., Martindale M.E., King M.M., Tang J. 1989. Bile-salt-activated lipase : effect on kitten growth rate, *Am. J. Clin. Nutr.,* **49,** 457-463.

Wang X., Sato R., Brown M.S., Hua X., Goldstein J.L. 1994. SREBP-1, a membrane-bound transcription factor released by sterol-regulated proteolysis, *Cell,* **77,** 53-62.

Wang C.S., Dashti A., Jackson K.W., Yeh JC., Cummings R.D., Tang J. 1995. Isolation and characterization of human milk bile salt-activated lipase C-tail fragment, *Biochemistry,* **34,** 10639-10644.

Wang X., Wang C.S., Tang J., Dyda F., Zhang X.C. 1997. The crystal structure of bovine bile salt activated lipase : insights into the bile salt activation mechanism, *Structure,* **5,** 1209-18.

Wang C.S., Jackson K.W., Dashti A., Downs D., Zhang X., Tang J. 1998. Mass spectrometric characterization and glycosylation profile of bovine pancreatic bile salt-activated lipase, *Protein. Expr. Purif.,* **12,** 259-268.

Wang M., Briggs M.R. 2004. HDL: the metabolism, function, and therapeutic importance, *Chem. Rev.,* **104,** 119-137.

Wicker C., Puigserver A., Scheele G. 1984. Dietary regulation of levels of active mRNA coding for amylase and serine protease zymogens in the rat pancreas, *Eur. J. Biochem.,* **139,** 381-387.

Wilson JS., Pirola R.C. 1997. The drinker's pancreas: molecular mechanisms emerge, *Gastroenterology,* **113,** 355-358

Witztum J.L, Steinberg D. 2001. The oxidative modification hypothesis of atherosclerosis: does it hold for humans? *Trends Cardiovasc. Med.,* **11,** 93-102.

Yamakawa T., Eguchi S., Yamakawa Y., Motley E.D., Numaguchi K., Utsunomiya H., Inagami T. 1998. Lysophosphatidylcholine stimulates MAP kinase activity in rat vascular smooth muscle cells, *Hypertension,* **31,** 248-253.

Zolfaghari R., Harrisson E.H., Ross A.C., Fisher E.A. 1989. Expression in Xenopus oocytes of rat liver mRNA coding for a bile salt-dependent cholesteryl ester hydrolase, *Proc. Natl. Acad. Sci. USA.,* **86,** 6913-6916.

i want morebooks!

Buy your books fast and straightforward online - at one of world's fastest growing online book stores! Environmentally sound due to Print-on-Demand technologies.

Buy your books online at
www.get-morebooks.com

Achetez vos livres en ligne, vite et bien, sur l'une des librairies en ligne les plus performantes au monde!
En protégeant nos ressources et notre environnement grâce à l'impression à la demande.

La librairie en ligne pour acheter plus vite
www.morebooks.fr

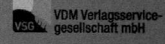 VDM Verlagsservicegesellschaft mbH
Heinrich-Böcking-Str. 6-8   Telefon: +49 681 3720 174   info@vdm-vsg.de
D - 66121 Saarbrücken   Telefax: +49 681 3720 1749   www.vdm-vsg.de

Printed by Books on Demand GmbH, Norderstedt / Germany